Sven Gehrmann

Feuer! In der Nordsee…

Oder was uns die Fauna der Nordsee sehr dringend sagen möchte

Inhaltsverzeichnis

„Und der zweite Engel posaunte: Und etwas wie ein großer, mit Feuer brennender Berg wurde ins Meer geworfen; und der dritte Teil des Meeres wurde zu Blut.

Und es starb der dritte Teil der Geschöpfe, welche im Meer waren, die Leben hatten, und der dritte Teil der Schiffe wurde zerstört...“

(Offenbarung 8, Verse 8 und 9, nach der Elberfelder Bibel-Übersetzung von 1905)

Anmerkung hierzu: Dieser Bibeltext aus dem jüngsten Buch der Bibel wurde sehr wahrscheinlich zwischen den Jahren 81-96 nach Christus während der Zeit des römischen Kaisers Domitian verfasst. Betrachtet man das hier geschilderte Ereignis eher als einen allmählichen Prozess, dann könnte die Zerstörung der Schiffe darauf hindeuten, dass Fischerboote künftig mangels fangbarer Mengen an Fischen in den Häfen verrotten werden... Vielleicht sollte man die letzten Kapitel des Neuen Testamentes künftig viel ökologischer interpretieren, als dieses in der Vergangenheit getan wurde. Und wenn der Gott der Bibel tatsächlich ein liebender Gott ist, dann wird er die Menschen letztlich gar nicht für ihr frevelhaftes Tun strafen. Nein, er zieht sich einfach zurück und überlässt sie so den Folgen ihres eigenen Handelns... Ob sie wohl dann etwas daraus lernen würden?!?

Es herrschen warme Zeiten in der südlichen Nordsee. Jetzt, im Jahr 2020, hat die von der Mehrheit unserer Bevölkerung gar nicht gesehene Hitzewelle unter dem Meeresspiegel erstmals eine ganz neue Qualität erreicht. Denn die von der Väter Tagen her bekannte Jahreszeit namens „Winter" erfreut sich hier seit Januar 2020 offenbar völliger Absenz. So meldete etwa das Bundesamt für Seeschifffahrt und Hydrographie (BSH) am 10.01.2020 vor den Ostfriesischen Inseln eine Temperatur von 10-11° Celsius. Zwar waren die Wassertemperaturen in Küstennähe etwas niedriger im einstelligen Bereich, doch waren sie immerhin noch so hoch, dass sich im Watt mit dem Rahmenkescher immer noch kleine Meerestiere einfangen ließen, die sonst eigentlich lieber in tieferen Wasserzonen überwintern. Und auch die Felsengarnelen der Hafenspundwände waren immer noch präsent. Bei staatlichen Behörden müssten seit Januar 2020 eigentlich den ganzen Tag lang rote Warnlampen leuchten und ein monotones dumpfes Alarmgeheul müsste die Allgemeinheit vor dem drohenden Klima-GAU warnen. Aber: Nichts passiert. Spricht man mit Mitarbeitern von Nationalparkeinrichtungen, dann hört man solche Bemerkungen wie: „Es ist nicht unsere Aufgabe, politische Statements abzugeben. Wir stellen hier nur etwas aus, und der Besucher kann sich dann seine eigene Meinung bilden." Prima, denke ich. Denn wenn ich mir etwa die Aquarien dieser „Umweltausstellung" ansehe, dann fällt mir auf, dass dort zwar die gepflegten Tiere sorgfältig beschriftet wurden. Aber dass man keinen Hinweis darauf findet, in welchem Verhältnis sie zum Klimawandel stehen. Außerdem sehen die Becken alle wunderbar aufgeräumt und sauber aus, so dass die Illusion entsteht, man blicke in eine ideale Umwelt. Dass aber die meisten der hier gezeigten Tiere in Wahrheit auf dem Meeresgrund auf einer großen Müllhalde leben, welche aus PVC, PCB, Netzresten, Autoteilen und anderem Müll besteht, kann man hier nicht erkennen. Als unkritischer Besucher einer solchen Ausstellung geht man nachhause und denkt nur noch: „Oh prima, in der Nordsee ist ja Dank Nationalpark wieder alles in Ordnung." Wirklich? In diesem Buch werde ich im Folgenden einige unbequeme Dinge aufzeigen. Machen Sie sich besser auf etwas gefasst, was Ihre gesamte bisherige Vorstellungskraft bei Weitem sprengen könnte...

1983, Borkum: Ich, damals 14 Jahre alt, bekam die Chance meines Lebens: Ich durfte mit einem echten Berufsfischer mit rausfahren. Auf Krabbenfang! Ich erinnere mich daran, wie wir am 07.07.1983 bei klarer Sicht vor der Vogelinsel Rottum das Netz abfierten. Zwei mächtige Baumkurren schleiften an jeder Seite des Schiffes gleichmäßig über den Grund. Nach einer qualvollen dreiviertel Stunde wurden dann die mächtigen Baumkurren mittels einer Winde eingeholt. Voller froher Erwartung hüpfte ich über das Deck und hätte – sehr zum Ärger des Fischers – vor Begeisterung fast die Baumkurren an den Kopf bekommen. Das Netz war voll von Sandgarnelen, die man auch als „Granat" bezeichnet. Große Seenadeln und Rote Knurrhähne faszinierten mich damals besonders. Außerdem fingen wir noch Unmengen an Plattfischen aller Größen, diverse Gelbaale und Seezungen, von denen wir die letzteren beiden frisch an Bord in die Pfanne hauten. Ich habe nie besseren Fisch gegessen! Und heute?

2003, Baltrum: Ein Kurzurlaub mit der Familie. Neuerdings tauchen hier im Watt Pazifische Riesenaustern auf; vereinzelt an Steinen. Es ist April, die Sonne scheint so oft, dass die Inselbewohner im April(!) ihre Rasensprenger anstellen müssen, weil das Gras auf der Insel welk zu werden beginnt. Außerdem finde ich am Strand angespülte **Schwimmkrabben** der Art *Portumnus latipes*, die bis Westafrika verbreitet ist. Alles Weibchen, die zur Vermehrung in die wärmer gewordene Nordsee kamen…

2011, Norddeich: Im Hafenbecken schwimmen kleine Fischchen an der Oberfläche, 2 Zentimeter. Eine Untersuchung ergibt, dass es sich um juvenile Wolfsbarsche handelt. Im norddeicher Watt lässt sich mit dem Rahmenkescher kein einziger Plattfisch fangen… Die Hafenmole ist flächig bewachsen mit Pazifischen Riesenaustern. Miesmuscheln sind hier zur Mangelware geworden...

2012, Baltrum: Es ist Hochsommer im August. Bei Flut stehen Angler auf den Buhnen. Was sie hier fangen? Wolfsbarsche; der Inselrekord liegt bei 70 Zentimetern Länge…

2012, Norddeich: Diesmal keine Wolfsbarsche im Hafenbecken, dafür aber kleine Plattfische im Watt… Immerhin; aber nur wenige.

2013, Norddeich: Mit der Ködersenke lassen sich im Hafenbecken Aalmuttern nachweisen. Aber auch eine eingeschleppte **Garnele** aus Korea, *Palaemon macrodactylus*.

2014, Norddeich: Und wieder bringt der Kutter im April eiertragende Weibchen der subtropischen **Schwimmkrabbe *Liocarcinus navigator*** mit. Das Wasser der Nordsee ist zu warm für die Jahreszeit… Der Sommer hat begonnen!

Frühjahr 2015 und 2016, Norddeich: Die Kutter fangen Hundshaie, Blondrochen, Sardellen… Allesamt Einwanderer aus dem Ärmelkanal. Der Winter 2014/2015 war wieder mal viel zu warm für unsere Breiten…

2017, Schmuddelwetter in Ostfriesland: Kein richtiger Sommer, dauernd ist es schwül oder regnerisch, die Bauern haben viele Probleme, überhaupt etwas ernten zu können… Die Beifänge der Fischer fallen sehr unterschiedlich aus, gewisse sonst häufige Arten sind rar…

2018: Hitzewelle! Viele sonst häufige Fischarten wurden im Sommer kaum von den Fischern gefangen. Denn bei einer Wassertemperatur von 22° Celsius in der südlichen Nordsee bleiben sie lieber in tieferen Arealen, wo kein Krabbenfischer fischt… In der Ostsee: 25° Celsius und Vibrionen-Alarm! Darüber hinaus konnte man erheblich mehr Quallen beobachten als sonst… Haben sie die Fischbruten dezimiert?

2019: Fast wie 2017, nur erheblich wärmer. Im Sommer fehlen die Knurrhähne und andere sonst häufige Beifänge… Am 31.12.2019 ließen sich in den Prielen Neßmersiels noch Sandgarnelen fangen. Die Nordsee ist zu warm. Winter? Was ist das?

2020: Januar. Temperaturen bis in den zweistelligen Bereich. Frühjahrsblüher haben schon Knospen. Es gibt bereits Gänseblümchen… Die Jahreszeit „Winter" scheint es dieses Jahr in Ostfriesland wohl nicht mehr zu geben…

Die Krabbenfischer fahren raus, obwohl sie sonst zu dieser Jahreszeit eigentlich eine Winterpause machen. Und sie bringen ungewöhnliches Getier mit in den Hafen, welches Unglaubliches belegt. Wie wir im Folgenden noch sehen werden… Manche dieser Fänge sind unscheinbar und klein, andere dagegen geradezu schreiend bunt. Als wenn Mutter Natur uns eine möglichst grelle bunte Warnung senden möchte, bevor es zu spät ist…

1. Die Temperaturen in der Nordsee (d.h. in der Deutschen Bucht)

Nach Angaben des Bundesamts für Seeschifffahrt und Hydrographie (BSH) erreichte die durchschnittliche Wassertemperatur der Nordsee 2017 10,9 Grad Celsius, nur knapp unter dem Wert von 2016 mit 11,0 Grad. Das war der zweithöchste Wert seit 1969. Nur 2014 war das Wasser mit 11,5 Grad Celsius noch wärmer. Zurzeit (Januar 2020) haben wir in der südlichen Nordsee Temperaturen zwischen 10 und 11° Celsius vor den Ostfriesischen Inseln... Man kann im Watt Sandgarnelen fangen, die jetzt eigentlich in tieferen Wasserschichten überwintern müssten... *Die Jahreszeit „Winter" scheint momentan in der südlichen Nordsee gar nicht mehr statt zu finden...*

2. Bei dem Internetanbieter GMX konnte man am 18.01.2020 lesen, dass...

...eine Hitzewelle im Meer ein Massensterben vor der amerikanischen Küste der USA auslöste. Forscher aus den Vereinigten Staaten bezeichneten den Strom von zu warmem Meerwasser, welches sich von Alaska bis zur Baja California ausdehnte, als "Blob". Durch diesen kamen zehntausende Vögel im Pazifik ums Leben, aber auch Millionen von Seesternen raffte es dahin. Denn die Erwärmung des Meerwassers begünstigte die Vermehrung von Viren und Seuchen, welche für das Ableben dieser Tiere verantwortlich sind. Der Klimawandel könnte solche todbringenden Hitzewellen im Meer immer häufiger werden lassen. Die Seevögel sind übrigens schlichtweg verhungert, weil durch das zu warme Meerwasser ihre sonst reichlich vorhandene Beute verschwand... Die Wissenschaftler schätzten die Gesamtzahl der verendeten Seevögel auf etwa eine Million... Sie gingen davon aus, dass die „Meereshitzewelle" die Menge und Qualität des Planktons vermindert habe, so dass die Zahl davon lebender Fische stark reduziert wurde. Außerdem sei der Stoffwechsel von Fischen im wärmeren Wasser hochtouriger gelaufen. So dass die Raubfische aufgrund des daraufhin höheren Energieumsatzes viel mehr Beutetiere als sonst benötigt hätten, und so die Zahl verfügbarer Beutefische für Seevögel noch zusätzlich vermindert worden sei. Darüber hinaus waren auch noch andere Lebewesen von dem Problem der Meereserwärmung betroffen gewesen. Unter anderem sind „nur" etwa 100 Millionen Kabeljaue verendet. Und auch viele Wale litten unter den Folgen dieser dramatischen Meereserwärmung.

3.) Durch Klima-Erwärmung bedingte Meereshitzewellen

Diese gab es bereits in der Tasmanischen See und in anderen Regionen, wie etwa dem Australischen Barriere Riff oder an den Küsten von Südamerika, wo man das Phänomen unter der Bezeichnung El-Niño* schon seit vielen Jahren kennt.

2018 konnte man diese Phänomene auch sehr deutlich in der deutschen Nordsee und in der südlichen Ostsee beobachten… Im Sommer 2018 wurde die Nordsee 22° Celsius warm, während die südliche Ostsee sogar Temperaturen von bis zu 25° Celsius erreichte. Das waren Werte, wie sie sonst im Mittelmeer gemessen werden…

4.) Die Erwärmung der Ozeane beschleunigt sich immer mehr...

Wissenschaftler haben errechnet, dass die Weltmeere im Jahr 2019 so warm wie nie zuvor seit Beginn der globalen Erfassung waren. Außerdem beschleunige sich die Erwärmung der Ozeane durch den Klimawandel, warnten sie im Fachmagazin "Advances in Atmospheric Sciences". Die vergangenen zehn Jahre brachten demnach die höchsten Temperaturen der Meere seit den 1950ern, wobei die letzten fünf Jahre auch die wärmsten gewesen seien. Die durchschnittliche Meerestemperatur bis in zwei Kilometer Tiefe habe im Jahr 2019 um etwa 0,075° Celsius über dem Durchschnitt von 1981 bis 2010 gelegen.

5.) Eine vorläufige Zwischenbilanz…

Diese enorme Menge an Energie in Form von Wärme, die der Mensch in den vergangenen 25 Jahren in die Ozeane emittiert habe, entspricht umgerechnet etwa der Energieentladung von 3,6 Milliarden(!) Atombombenexplosionen vom Format der Atombombe, welche im Zweiten Weltkrieg über der japanischen Stadt Hiroshima detonierte…

*Spanisch = das Christkind. Das Phänomen der Erwärmung des Pazifiks vor der Küste Perus von 24 auf 26° Celsius ist bereits seit vielen Jahren bekannt und tritt sporadisch etwa alle 4 bis 5 Jahre auf, hat aber in den letzten Jahren an Intensität deutlich zugelegt. Diese Erwärmung vernichtet dort zunächst das Plankton und dann die Fischbestände...

Dieses Buch erhebt selbstverständlich keinen Anspruch auf völlige wissenschaftliche Exaktheit oder eine faktenorientierte allumfassende Wahrheit. Vielmehr ist es so, dass der Autor den Versuch unternommen hat, aus den sehr unübersichtlichen Puzzlestücken und Fragmenten von Kutterfängen, eigenen Beobachtungen und den Mitteilungen Dritter ein Bild zusammenzustellen. Dieses Bild ist selbstverständlich weder vollständig noch vollkommen fertig, denn dazu sind die dem Autor anvertrauten Puzzlestücke einfach zu wenige. Doch auch aus den wenigen Puzzlestücken lassen sich bereits wertvolle kleine Teilstücke und Aspekte eines größeren Ganzen erkennen.

Der Beobachtungshorizont des Autors erstreckt sich dabei mit Unterbrechungen vom Ende der 1970er und Anfang der 1980er Jahre bis heute.

Diese Beobachtungen beruhen zwar zum Großteil auf einer gewissen Subjektivität, doch werden sie dadurch etwas objektiver, weil es gelungen ist, manche Vorgänge durch persönliche Erfahrungen und Mitteilungen Dritter etwas aufzuhellen.

So gleichen zum Beispiel einige persönliche Mitteilungen der Aquarienbetreiber auf der Insel Borkum die „Fehlzeiten" des Autors auf dieser Insel wieder etwas aus, in denen er auf der Insel nicht präsent sein konnte.

Als hilfreich bei der Erstellung dieses Werkes erwies sich außerdem die Sammlung des Autors, mit welcher der Fund bestimmter Tierarten bestimmten Zeiträumen zugeordnet werden konnte. Somit sind also für die meisten hier geschilderten Hypothesen auch echte Belegexemplare vorhanden, die man jederzeit prüfen kann. Und so haben sich im Keller des Autors zwischenzeitlich etwa 500-600 Gläschen mit entsprechenden Präparaten angesammelt. Hierzu sei noch angemerkt, dass die hier konservierten Tiere nicht extra nur für Sammlungszwecke gesammelt und getötet wurden, wie dieses etwa die meisten Wissenschaftler tun würden. Sondern es handelt sich bei diesen Belegexemplaren zu mehr als 95% um Tiere, die entweder schon tot zwischen Müll und Beifang gesammelt wurden, oder die dann etwas später in einem Aquarium eingingen. Somit wurde also kein Raubbau an der bedrohten Fauna der Nordsee betrieben, nur um eine Sammlung zu erweitern. Doch selbst wenn wir uns alle diese Sammlungsexemplare genau anschauen würden, so würden auch diese nur einen sehr kleinen Teil der Lebewesen darstellen, welche es tatsächlich in der südlichen Nordsee gibt. Denn man schätzt, dass in der gesamten

Nordsee mindestens 7000 verschiedene Tierarten leben, davon etwa 4000 im deutschen Wattenmeer. Und wahrscheinlich sind es sogar noch erheblich mehr Arten, wenn man aus anderen Erdteilen eingeschleppte Arten mitberücksichtigen würde, und wenn man die hier in diesem Werk ausgesparte Welt der mikroskopisch kleinen Meeresorganismen miteinbeziehen würde. Um von den Meeresorganismen Rückschlüsse auf den Klimawandel ziehen zu können, müssen mehrere Aspekte im Zusammenhang betrachtet werden. So ist es zum Beispiel eine sehr wichtige Prämisse, zunächst festlegen zu können, welche Arten ursprünglich die Habitate der südlichen Nordsee dominierten. Dann kann man einen vorsichtigen zeitlichen Vergleich einflechten und schließlich im letzten Schritt neue Arten aufzeigen. Dabei spielen dann die jeweiligen Größen aufgefundener Exemplare und die neue Häufigkeit dieser Arten eine ganz erhebliche Rolle.

Und betrachtet man verschiedene Gruppen von Tieren, dann ergibt sich ein recht objektives Muster, welches die Erwärmungsvorgänge in der südlichen Nordsee an der Küste und vor den Ostfriesischen Inseln gut und deutlich belegt. Dabei geht es vor allem um eine Gesamttendenz, welche klar belegt, dass die Leugner des anthropogenen Klimawandels entweder völlig blind und taub sein müssen. Oder sogar an den schlimmsten Verfehlungen der menschlichen Natur leiden: Nämlich an der Dummheit, der Ignoranz, der Konsumgier oder dem Egoismus. Dieses Buch soll dazu beitragen aufzuzeigen, wie weit es bereits mit dem Klimawandel gekommen ist. Und dass dieser keinesfalls die spinnerte Idee linker Ökosozialisten oder sonstiger Umweltfanatiker ist. Die Wahrheit lässt sich zwar leugnen, aber ihre Konsequenzen werden auch ihre Leugner und Gegner stets einholen. Die einen früher, die anderen später. Letztlich ist es so, dass die unbequeme Wahrheit in diesem kleinen Nebenmeer des Atlantiks ihren Tribut von uns allen fordern wird, ob uns das nun gefällt oder nicht. Die kleinen bunten Tierchen, die sich neuerdings in unseren Gewässern tummeln, sollten von uns besser als eine Mahnung von Mutter Natur an unser aller Konsumverhalten verstanden werden. Denn nur wenn sich unsere Lebensphilosophie und Grundeinstellung ändern, haben wir noch eine nennenswerte Zukunft an dieser noch touristisch wertvollen Küste…

Als autochthone Tier- und Pflanzenarten bezeichnet man im Allgemeinen die Arten, die schon seit langen Zeiträumen von bestimmten Lokalitäten bekannt sind. Im Grunde bedeutet der Begriff autochthon so viel wie bodenständig oder alteingesessen. Nicht alle autochthonen Arten werden vom Klimawandel bedroht, denn es gibt tatsächlich einige Arten, die von einer Erwärmung der Nordsee profitieren. Der Gewinn liegt dann im Erschließen neuer ökologischer Nischen durch das Verschwinden anderer Arten, in besseren Reproduktionsmöglichkeiten oder in einem verbesserten Nahrungsangebot. Letzteres könnte etwa durch ein üppigeres Gedeihen des Phytoplanktons oder von sonstigen Meeresalgen infolge längerer Wachstumszeiten entstehen. Denn je wärmer der Ozean ist, desto schneller können sich die winzigen planktonischen Algen durch Zellteilung vermehren. Allerdings leben in der Deutschen Bucht (noch) etliche Tierarten, welche dem borealen oder subarktischen Faunenkreis zuzurechnen sind. Und diese werden entweder in tiefere kältere Senken im Meeresboden oder in Richtung Norden abwandern. Ab einem gewissen Point Of No Return werden sie dann dem Flachwasser des deutschen Wattenmeeres, speziell der südlichen Nordsee, ganz einfach vollständig fernbleiben. Nun mag das zunächst einmal keine allzu drastischen Auswirkungen haben, wenn nur ein paar subarktische Arten wie etwa die Nordische Seespinne oder der Steinpicker dem Ökosystem des deutschen Wattenmeeres abhandenkommen. Denn mit Sicherheit werden andere Arten mit einer höheren Temperaturtoleranz aus dem Süden nachrücken und deren Platz einzunehmen suchen. Doch können solche schleichenden Veränderungen mittel- und langfristig sehr wohl auch große und dramatische Einbrüche, etwa bei der Fischerei oder bei der Ernährung der Zugvögel erzeugen. Denn fehlende Faunenanteile haben automatisch immer eine andere Zusammensetzung des Meeresplanktons zur Folge, was für die spätere Anzahl von Nutzfischen im Meer und von Nährtieren für die Zugvögel im Watt entscheidend sein könnte. Denn Ökosysteme sind hochkomplexe Gebilde. Über das Schicksal von Hering und Hummer wird also bereits im Plankton entschieden, und dieses kann auf Veränderungen seines Milieus auch kurzfristig sehr empfindlich reagieren…

Ein weiteres Problem autochthoner Arten der borealen Klimazone ist es, dass sie an ganz bestimmte Temperaturbereiche für die Abwicklung ihrer Lebenszyklen angepasst sind. In der Nordsee sind diese an bestimmte Lokalitäten, Strömungen und Jahreszeiten gekoppelt. Verschieben sich diese Parameter, kann es passieren, dass die davon betroffenen Arten Nahrungsquellen oder Habitate verlieren. Oder im schlimmsten Falle die Möglichkeiten zur Reproduktion ihrer Art, was dann zum Aussterben der Spezies führt. So sind manche Arten sehr abhängig von bestimmten Meerestemperaturen, weil von diesen Sauerstoffgehalte und Gedeihen von Bruten abhängen. So gab es etwa im März 2017 einen massiven Einbruch bei der Fischerei auf Stinte in der Elbemündung, und auch im Frühjahr 2020 sah es schlecht aus für diese einst sehr häufigen kleinen Küstenfische. Zur Problematik der Erwärmung des Wassers durch den Klimawandel kamen hier außerdem noch Sediment-Verwirbelungen infolge Ausbaggerungen und die Entnahme von Kühlwasser für Kraftwerke hinzu, sowie die Einleitung von warmen Kraftwerksabwässern. Von vielen Fischarten des kaltgemäßigten Faunenkreises ist es außerdem bekannt, dass sie zur Reifung ihrer Gonaden Kältephasen im Winter benötigen. Sind diese zu kurz, oder finden sie gar nicht mehr statt, so werden die davon betroffenen Arten unfruchtbar. Dazu kommt dann noch das Phänomen, dass eine Erwärmung des Milieus, welches einen Organismus umgibt, dessen Metabolismus beschleunigt. Das bedeutet, dass dessen Stoffwechselvorgänge nun immer schneller ablaufen. Das Herz rast, die Atmung wird hektischer und der Nahrungsbedarf steigt rapide an. Somit können sich unsere autochthonen Arten nur sehr bedingt einem immer schneller zunehmendem Klimawandel anpassen, denn entweder kollabieren sie selbst, oder sie sind nicht mehr dazu in der Lage, gesunde und lebensfähige Nachkommen zu produzieren. Schon jetzt ist es de facto so, dass kommerzielle Fischfangflotten mehr als 100 Kilometer weiter in den Norden als bisher fahren müssen, um noch nennenswerte Mengen von Dorsch und Seelachs fischen zu können. Da diese sich bereits in Richtung Norwegen und Island abzusetzen begonnen haben. Im Jahre 2009 waren sogar schon die Bestände des Dorsches in Nord- und Ostsee kollabiert. Und gleiches passierte 2009 in der südlichen Nordsee mit den Plattfischen. Zurzeit (2020) gelten Scholle und Seezunge in der südlichen Nordsee eher als eine Mangelware…

Die Biologische Anstalt auf Helgoland misst und dokumentiert seit ihrer Gründung im Jahre 1892 die Wassertemperaturen in der Nordsee zu verschiedenen Jahreszeiten, woraus dann immer ein jährlicher Durchschnittswert gewonnen wurde. Das Ergebnis dieser Messungen ist eindeutig: Allein seit den letzten 50 Jahren hat sich die Nordsee um etwa 1,7° Celsius erwärmt. Und seit dem Beginn dieser Messungen vor mehr als 100 Jahren dürfte dieser Wert inzwischen sogar um 2° - 3° Celsius angestiegen sein. Nun könnte man einwenden, dass das ja nur ein sehr geringer Temperaturanstieg sei, kaum fühlbar für einen badenden Menschen. Aber: Das Weltmeer ist durchschnittlich betrachtet insgesamt ohnehin nur etwa 3,8° Celsius warm, wenn man die Wassermassen der Tiefseegräben und der arktischen und antarktischen Gebiete miteinbezieht. Würde man diese Werte, also 3,8° Weltmeerdurchschnitt und 1,7° Nordseeerwärmung per einfacher Dreisatzrechnung in eine Beziehung setzen, dann hätte sich die Nordsee in den letzten 50 Jahren im Vergleich zum gesamten Weltmeer um 44,73% erwärmt. Vernachlässigt man diese Betrachtungsweise und setzt nur die Erwärmung der Nordsee von einer Temperatur von etwa 9,5° Celsius im Jahr 1965 um 1,7° bis zum Jahr 2015 ins Verhältnis, dann hat sich die Nordsee in nur 50 Jahren immer noch um knapp 18% erwärmt! Der Temperaturanstieg in der Nordsee (der Deutschen Bucht) ist also eine amtlich bewiesene Tatsache und scheint sich überproportional zur sonstigen Erderwärmung zu entwickeln, da diese im gleichen Zeitraum nur etwa 1° Celsius betrug. Dieses ist vor allem der Tatsache geschuldet, dass die Nordsee insgesamt ein relativ flaches Schelfmeer von nur etwa 70 Metern Durchschnittstiefe ist, welches darüber hinaus nur über ein einziges tiefes Becken im Norden verfügt, nämlich die norwegische Rinne, die etwa 700 Meter tief ist. Dazu kommen dann noch sehr ausgedehnte Wattflächen, welche regelmäßig durch den Tidenhub sehr großflächig trockenfallen und sich im Sommer dank der Sonneneinstrahlung auf diese dunklen Flächen besonders stark aufheizen. Somit müssen die Tiere und Pflanzen dieses gezeitenabhängigen Lebensraumes mit diversen extremen Lebenssituationen klarkommen. Im Winter mit eisiger Kälte, aber im Sommer mit stetig zunehmenden subtropischen und tropischen Temperaturen. In einigen Fällen passen sie sich an diese Änderungen kurzfristig an, in anderen Fällen wandern sie ab oder sterben schlichtweg aus. Ein Beispiel für eine vorübergehende Adaption an höhere Meerestemperaturen sind etwa die großen Brauntange auf der Insel Helgoland, welche laut den Beobachtungen der Meeresbiologen auf der Insel Helgoland dazu übergegangen sind, ihre Rhizome in immer größeren Tiefen auf den Felsen vor der Insel zu verankern. Dies tun sie nicht, weil sie inzwischen einen geringeren Bedarf an Sonnenlicht entwickelt haben, sondern vielmehr deshalb, weil ihnen im Sommerhalbjahr das Oberflächenwasser schlichtweg „zu warm" geworden ist. Denn Tange reagieren sehr empfindlich auf wärmeres Wasser, was man in einem gekühlten Meeresaquarium selbst testen kann. Wird das Wasser zu warm - und handelt es sich dabei auch nur um den Anstieg um ein einziges Grad Celsius - kann es passieren, dass der Seetang plötzlich schleimig wird und sich auflöst. Manche Meeresalgen setzen durch diese Selbstaufgabe dann Gameten frei, durch welche sie sich vermehren, um wenigstens den Fortbestand der Art an anderer Stelle zu sichern. In der Natur eine sinnvolle Anpassung an sich ändernde Lebensbedingungen – im Aquarium meist eine Katastrophe für alle anderen Bewohner des Behälters, die hierdurch regelrecht vergiftet werden können. Aber auch in der Natur kann ein Massenabsterben von Meeresalgen lokal zu einem Massensterben von Fischen und anderen Seetieren führen. Insbesondere in flachen Meeresbuchten und Wattgebieten, welche in kurzer Zeit flächig von Algen bedeckt werden können. Damit einhergehend können sich dann auch schädliche Bakterien und Viren entwickeln, welche nicht nur „rote Tiden" und Fischsterben verursachen, sondern auch wie etwa die warmwasserliebenden Vibrionen den Menschen selbst gefährlich werden können. Diese Keime können dann über kleine offene Wunden in den menschlichen Organismus eindringen und vor allem immunschwache Personen stark schädigen, zur Sepsis führen und manchmal sogar töten! Der wohl bekannteste dieser Erreger ist das **Cholera-Bakterium *Vibrio cholerae***, welches die Cholera auslöst. Das **Wundbakterium *Vibrio vulnificus*** macht gelegentlich dadurch Schlagzeilen, dass sie vor allem in der Uferzone der Ostsee in der Hitze des Sommers bei immunschwachen Personen Zellulitis und Sepsis verursacht, manchmal sogar mit einem lebensbedrohlichen Verlauf. Meereserwärmung im sommerlichen Flachwasser ist also alles andere als ein harmloses Naturschauspiel! Wir werden in den nachfolgenden Kapiteln einige ganz verschiedene Gruppen von Wirbellosen betrachten, welche nun mehr oder minder in der südlichen Nordsee vor den ostfriesischen Inseln heimisch geworden sind. Manche von ihnen waren früher „Saisontiere", die man früher für einige Tage oder Wochen sporadisch in der Deutschen Bucht auffinden konnte, und welche dann wieder abwanderten. Heute sind sie Teil der „Dauerbevölkerung" dieses interessanten Meeresteils geworden. Was man dann an zwei Dingen feststellen kann: Der Gründung von lokalen Populationen, weshalb sie plötzlich regelmäßig in bestimmten Gebieten vorkommen. Und dem Vorhandensein ihrer Jungtiere. Was nahelegt, dass sie nicht nur hier überwintern, sondern sich obendrein auch hier vermehren können. Was also im Jahre 1960 die seltene Ausnahme war, beginnt nun in verstärktem Maße zur Regel zu werden. Daran würde sich auch dann nicht viel ändern, wenn wir etwa im Jahre 2020 einen extrem kalten Winter mit arktischen Temperaturen bekämen. Zwar würden dann die nördlichsten Populationen der Einwanderer kurzfristig absterben. Aber wegen der warmen Gesamttendenz der letzten Jahrzehnte wären sie sie dann spätestens mit dem nächsten warmen Sommer zurück und würden erneut ihre Populationen gründen. Es gibt allerdings diverse verschiedene Arten von Einwanderern, denn nicht alle Arten sind wegen des wärmer gewordenen Klimas hier. Manche kamen auch einfach nur aus Übersee als Larve im Ballastwasser von Schiffen in unsere Gewässer, und können sich hier wegen ähnlicher Lebensverhältnisse etablieren. Andere dagegen gehören zur typischen Fauna des Ärmelkanals, wie man sie eigentlich an den französischen und britischen Küsten auffinden kann. Diese Arten sind insofern nicht unproblematisch, weil sie unsere einheimischen Arten entweder verdrängen können, oder sich gar mit diesen paaren und dann dadurch deren genetisches Potential zerstören. So ist es also sehr bedenklich, wenn bei uns neuerdings Exemplare von Arten auftauchen, welche die Merkmale verschiedener verwandter Arten aufweisen, die man kaum noch eindeutig bestimmen kann. Diese Phänomene kann man inzwischen regelmäßig bei **Miesmuscheln** der **Gattung *Mytilus*** und **Strandkrabben** der **Gattung *Carcinus*** beobachten. Und dann sind da noch die durch Aquakulturen eingeschleppten Arten wie etwa die **Pazifische Riesenauster *Magallana gigas***, welche aufgrund ihrer warmen Herkunftsgebiete in Asien sehr von der Meereserwärmung profitieren. Und von manchen Arten finden sich bisher Einzelexemplare, die man als Vorhut für weiteren biologischen Input in das deutsche Wattenmeer betrachten kann. Viele dieser Arten fand ich auf Plastikmüll und an anderen Relikten des Menschen, welche unsere Krabbenfischer aus den Wattengebieten unserer deutschen Küsten mit ihren Netzen eingesammelt hatten. Dabei ist es allerdings sehr müßig darüber zu diskutieren, ob diese Müllfunde von den Küsten des Ärmelkanals durch die Strömung bis zu den deutschen Küsten transportiert wurden, oder ob diese Organismen als Larven in unsere Gewässer gelangten und dann erst den Müll besiedelten. Denn Fakt ist, dass sie plötzlich wie aus dem Nichts aufgetaucht sind. Und vorher zumindest noch nicht wirklich von irgendjemandem bemerkt wurden. Allein im Januar 2020 fand ich auf einer einzigen Plastikkiste gleich drei(!) neue Arten aus dem Ärmelkanal, welche sich mit Hilfe eines Kosmos-Naturführers und eines nachfolgenden Internetabgleiches recht gut bestimmen ließen. Im Folgenden werde ich näher auf die Details zu diversen Wirbellosen eingehen, wobei ich ihr Auftauchen zu einem gewissen Anteil auch in den direkten Bezug zum aktuellen Umweltgeschehen setzen konnte.

Weichtiere - *Mollusca*

In der Nordsee findet man leider nicht so viele Mollusken-Arten wie in den Tropen, da hier die biologische Diversität etwas geringer ist. Aber es gibt hier immer wieder Vertreter des arktischen Faunenkreises wie etwa die **Islandmuschel**, welche sich in den etwas tieferen Arealen der südlichen Nordsee mit einwandernden Arten aus dem Ärmelkanal treffen. So wie etwa der **Ottermuschel**. Früher war es so, dass mal der eine, dann wieder der andere Faunenkreis leicht dominierte. Heute ist es dagegen so, dass der arktische Faunenkreis auf dem Rückzug in Richtung Norden ist, so dass etwa die Islandmuschel in der südlichen Nordsee bald völlig verschwunden sein könnte. Denn die Arten des arktischen Faunenkreises können der Wärme nur in die Tiefe oder in den Norden entfliehen. Solche Arten sterben dann zunächst unbemerkt aus. So dass man auch aus dem Schwund von Arten durchaus seriöse Schlussfolgerungen ziehen kann und muss. Gar keine Aussage - das heißt kein Auffinden - ist eben manchmal auch eine Aussage! Darüber hinaus ist es auch bedeutsam, wie groß aufgefundene Exemplare neuer Arten sind, denn diese können Aufschluss über das Nahrungsangebot und die veränderten Wachstumsintervalle liefern. Insbesondere bei Muscheln kann man Wärme- und Kältephasen hervorragend an den ausgebildeten Jahresringen der Schalen ablesen. So kann man übrigens auch recht genau festlegen, in welchem Jahr eine Muschel entstand und wie alt sie tatsächlich geworden ist. Diese Art der Betrachtung ermöglicht dann den Experten genaue Rückschlüsse über die Klima-Entwicklung.

Die **Pantoffelschnecke** gehört nicht zu den endemischen Schnecken der Nordsee, da sie erst vor einigen Jahrzehnten durch Schiffe eingeschleppt wurde. Pantoffelschnecken verdanken ihren Namen der ovalen Gehäuseform, die nochmals eine weiße Innentasche aus Kalk enthält, hinter der sich das Weichtier an sein Gehäuse festheftet. Somit erinnert das leere Gehäuse dieser Schnecke tatsächlich an einen Pantoffel mit einem Hohlraum für den Fuß. Innen glänzt das Gehäuse rot-bräunlich perlmuttfarben. Pantoffelschnecken leben als Filtrierer, wobei sie Feinstpartikel aus dem Meerwasser filtern und diese dann als Nahrung verwerten. Doch scheinen sie darüber hinaus auch in der Lage zu sein, im Bedarfsfall Algenfilme von ihrem Untergrund abzuweiden. Allerdings bewegen sich Pantoffelschnecken nur sehr selten auf ihrem Untergrund fort. Auch sind sie nicht dazu in der Lage, sich selbstständig wieder umzudrehen, wenn sie vom Substrat abgerissen wurden. Daher saugen sie sich sehr fest auf ihrem jeweiligen Untergrund an, und können hier nur mit brachialer Gewalt abgerissen werden. Meistens klammern sie sich an Steine, Holzpfähle oder andere Muscheln an. Pantoffelschnecken sind Zwitter, die ihr Geschlecht im Laufe ihres Lebens umwandeln. Deshalb sitzen sie oft übereinander, um so gleichzeitig ihre verschiedenen Geschlechtsprodukte an das Wasser abgeben zu können. In entsprechenden Aquarien ohne nennenswerte Fressfeinde gehalten können sich Pantoffelschnecken durchaus bis zu einem Jahr halten, doch verhungern sie hier leider meist mangels geeigneten feinen Futters. In letzter Zeit konnten einige Exemplare an Plastikmüll und alten Kisten aufgefunden werden, welche ungewöhnliche Schalenformen entwickelt hatten. Manche waren sehr flach und erinnerten aufgrund dieser Form eher an die **Pantoffelschnecke des Mittelmeeres.** Allerdings gibt es an den Küsten Nord- und Mittelamerikas auch einige Arten, welche ein sehr flaches Gehäuse aufweisen, wie etwa die Art *Crepidula excavata.* Ein weiteres Exemplar wies sogar ein seltsam wellenförmiges Gehäuse auf und zeigte Ähnlichkeit mit verschiedenen weiteren Arten des amerikanischen Faunenkreises. Denkbar wäre es aber auch, dass es sich nur um neu entstandene Morphen von *Crepidula fornicata* handelt, welche sich nun an ein wärmeres Milieu adaptiert haben...

Pantoffelschnecken sitzen oft übereinander, um synchron ablaichen zu können.

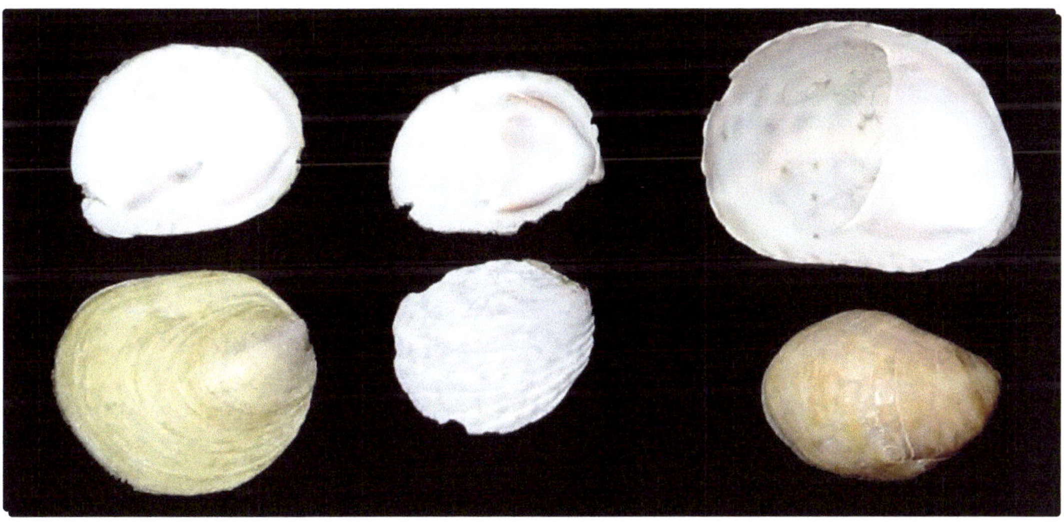

Links und in der Mitte: Diese seltsamen flachen und geriffelten Pantoffelschnecken tauchten Ende 2019 und Anfang 2020 im Beifang eines Kutters an Plastikmüll angeheftet auf. Entweder handelt es sich um neu eingeschleppte Arten von den amerikanischen Küsten, oder um eine Adaption an neue Umweltbedingungen.

Die **Schuppige Sattelmuschel** heftet sich an Steine, andere Mollusken und an Austernschalen, wobei sie – wie auch die **Austern** der *Ostreidae* – stets mit der unteren Schalenhälfte mit dem Substrat verwächst. Deshalb überlebt diese filigrane Muschel es nicht, wenn man versucht, sie vom Substrat abzukratzen, weil dabei meist die untere Schale zerstört wird. Die Schuppig Sattelmuschel hat in ihren Schalen nur eine sehr dünne Glanzschicht und ihre Schalen sind stets sehr filigran und fast transparent. Im Januar 2020 fand ich einige Exemplare dieser Art auf einer Plastikkiste, wo sie zum Teil exakt in die rechteckigen Winkel der Plastikgitter eingewachsen war. Auf der gleichen Kiste befanden sich auch zwei bisher aus unseren Gewässern noch nicht bekannte Arten der Seepocken. Solche Funde sind auf den ersten Blick sehr klein und nicht spektakulär, doch ist in letzter Zeit eine eindeutige Tendenz der Zunahme solcher Funde erkennbar geworden. Unklar ist, ob die Art zurzeit nur in der Sommer-Saison zu uns verdriftet wird, oder ob sie bereits damit begonnen hat, sich in der südlichen Nordsee zu etablieren. Ähnliche Funde hatte ich bereits im Jahre 2014 gemacht, diese aber leider nicht genauer untersucht, weshalb nun eine Aussage über die genaue Artzugehörigkeit der damals aufgefundenen Sattelmuschel-Arten schwierig ist.

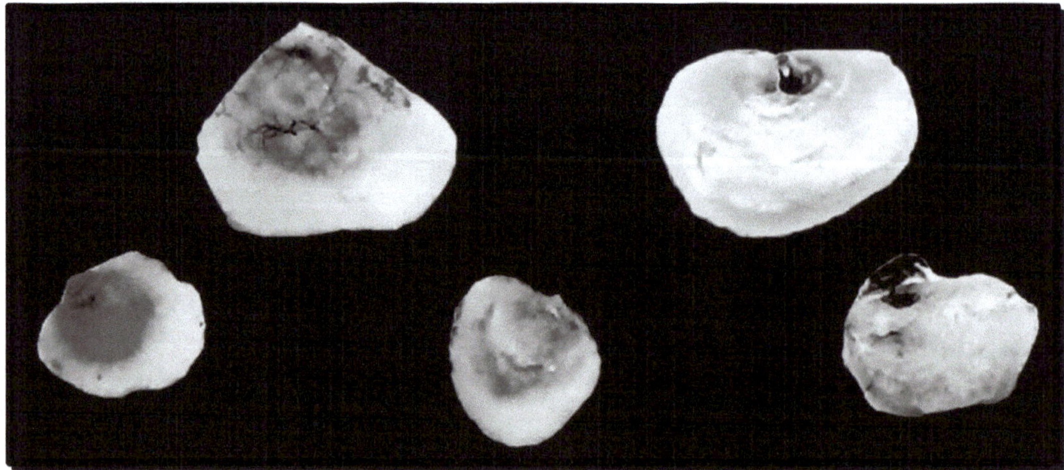

Schuppige Sattelmuschel, *Pododesmus squama*, 40mm. An den britischen Küsten bis Norwegen regulär aufzufindende Art.

 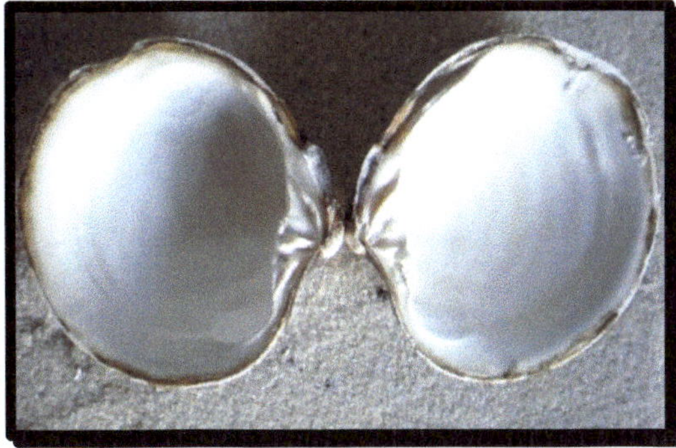

Die **Islandmuschel,** *Arctica islandica* erreicht eine Schalenlänge von bis zu 100 Millimetern. Die Art ist in einem gekühlten Aquarium etwa bis zu einem Jahr lang haltbar. 2006 fanden britische Forscher vor Island ein Exemplar, welches nach Zählung der Jahresringe auf ein Alter von 507(!) Jahren datiert werden konnte. Das Exemplar wurde „Ming" genannt, da es zur Zeit der chinesischen Ming-Dynastie sein Leben als Muschel am Meeresgrund begonnen haben muss. Damit ist die Islandmuschel das langlebigste bisher aufgefundene nicht koloniebildende Lebewesen auf dem Planeten. (Und wäre Ming nicht gefunden worden, wäre das Exemplar vielleicht noch viel älter geworden!). Die Schalen der Islandmuschel konnte man etwa bis zum Beginn der 2000er Jahre nach Sturmfluten gelegentlich noch an den Stränden der Ostfriesischen Inseln auffinden. Und manchmal wurden die Schalen auch noch von Kuttern eingesammelt, welche in etwa 20 Metern Tiefe fischten. Doch selbst diese Fänge und Funde scheinen mittlerweile im Bereich der südlichen Nordsee bereits der Geschichte anzugehören. Auch die Fänge oder Funde von Jungtieren, welche einen reproduktiven Bestand dieser arktischen Art anzeigen würden, sind mir aus der südlichen Nordsee bisher unbekannt. Daher liegt die Vermutung nahe, dass die Islandmuschel in der südlichen Nordsee bereits so gut wie ausgestorben ist. Es mag sein, dass vereinzelt und an für die Fischerei unzugänglichen tiefen Stellen auf dem Meeresboden noch einige wenige Methusaleme dieser Art zu finden sein könnten. Doch die zunehmende Meereserwärmung dürfte gerade dieser arktischen Muschel in der südlichen Nordsee de facto bereits den Garaus gemacht haben.

Pazifische Riesenauster, *Magallana gigas* (Thunberg, 1793)

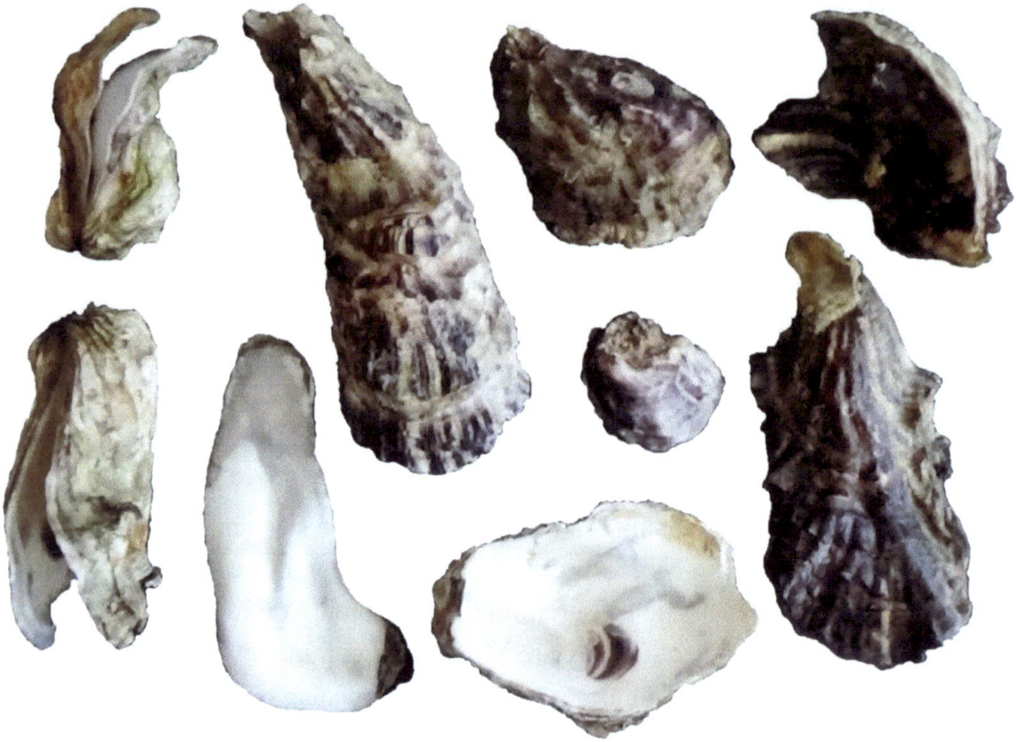

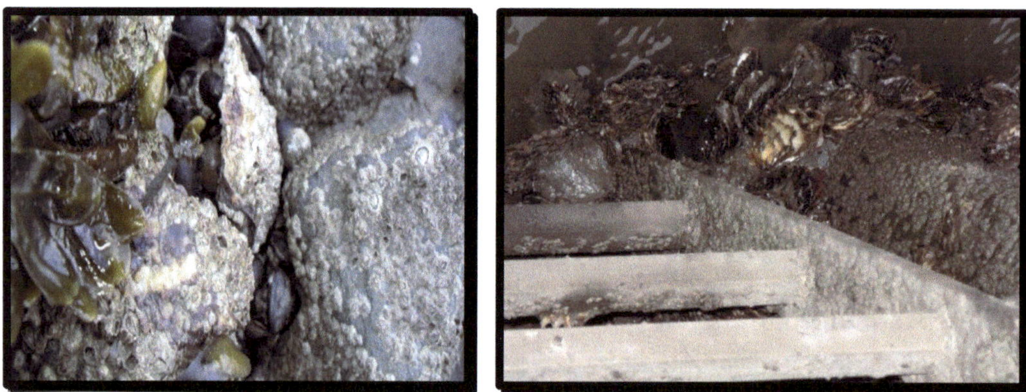

Die Schalenformen und die Färbungen der Pazifischen Riesenauster sind sehr variabel.

Diese Austern wachsen auf Steinen und inkrustieren ganze Spundwände.

Pazifische Austern findet man etwa seit Anfang der 2000er Jahre sehr häufig an Buhnen und Spundwänden in der südlichen Nordsee. Teilweise inkrustieren sie komplette Spundwände und Steine. Weil die Bestände der **Europäischen Auster** infolge von Meeresverschmutzungen dramatisch zurückgingen, importierten Austernzüchter die bis zu 40 Zentimeter lange **Pazifische Riesenauster.** Dieses führte dazu, dass man diese Art nun regulär im gesamten Wattenmeer auffinden kann. Im April 2003 konnte ich sie vereinzelt auf der Insel Baltrum entdecken. Nur drei Jahre später hatten sich die Austern so stark vermehrt, dass ich im Hafen von Neßmersiel große Exemplare von 10 Zentimetern Länge in großen Mengen an den Spundwänden des Hafens finden konnte. Außerdem waren kleine Exemplare bis etwa 7 Zentimeter Länge an Seetangbüscheln im Watt zusammen mit Miesmuscheln zu finden. Im Jahre 2006 und 2007 lagen dann bereits von der Strömung losgerissene große Austern von 10 Zentimetern Länge und mehr im Watt. Auf diesen Austern fanden sich zahlreiche andere Organismen, wie etwa Käferschnecken, Seepocken, Seeanemonen und Pantoffelschnecken. Insbesondere für Schnecken boten die Austernschalen ein hervorragendes Substrat, da hier oft dünne Algenfilme wuchsen. Die ökologische Dimension dieser Austern-Invasion ist zurzeit unklar. Die Austern könnten etwa durch ihre enorme Filterleistung die Sichttiefe des Wassers verändern. Dieses kann an vormals trüben Stellen dazu führen, dass Seevögel mehr kleine Fische als vorher erbeuten können, was zu einer Abnahme dieser Bestände führen kann. Auf der anderen Seite bieten die Austern selbst anderen Organismen Siedlungsfläche und Schutz, da ihre Schalen sehr widerstandsfähig sind und den meisten Muschelfressern lange Widerstand leisten. Vielleicht ist dies auch der Grund dafür, dass die Austern im Hafen die Miesmuschel verdrängt haben. Bedenklich wird es werden, wenn die Austern die Miesmuschelbänke überwuchern, und die Miesmuschelfilze erodieren. In diesem Fall würde ein nicht ganz unbedeutender natürlicher Küstenschutz verloren gehen, was bei einer Sturmflut dramatische Folgen für die Bevölkerung der Küste haben kann. Die starke Reproduktion der Pazifischen Riesenauster zeigt darüber hinaus an, dass diese Art sehr vom Klimawandel profitiert. Und selbst kurzfristige Verluste an Jungmuscheln durch einen strengen Winter kann diese Art offenbar leicht kompensieren, wie man es in den Jahren 2012 und 2013 beobachten konnte.

Kleine Pilgermuschel, Aequipecten *opercularis* (Linnaeus, 1758)

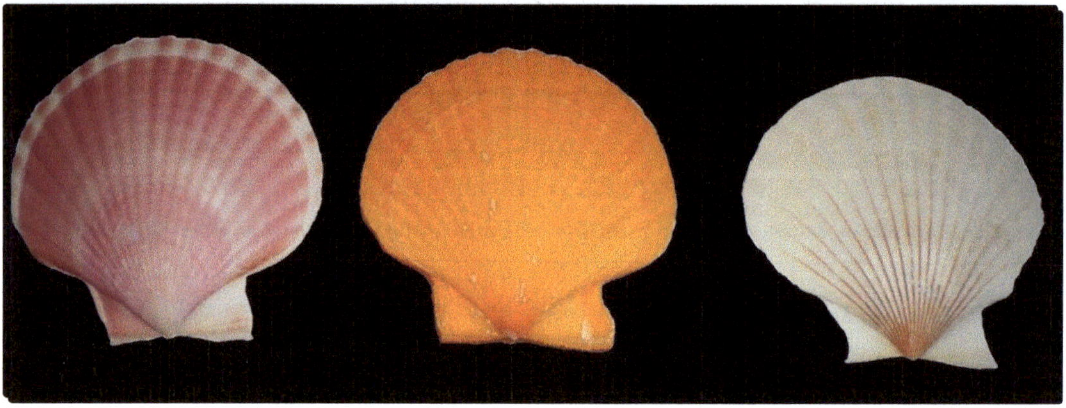

Kleine Pilgermuschel, *Aequipecten opercularis; rechts: A. opercularis radiata.*

Bunte Kammmuschel, *Mimachlamys varia,* **50mm. Auch diese seltene Art tauchte in den Jahren 2018 und 2019 im Beifang auf.**

Die **Kleine Pilgermuschel** kommt auf Weichböden ab 15 Metern Tiefe vor, weshalb man ihre Schalen nur sehr selten im Spülsaum der Strände finden kann. Sie wird maximal etwa 8 Zentimeter im Durchmesser groß. Diese großen Exemplare werden im Ärmelkanal und in der Irischen See auch kommerziell befischt. Bei uns kommen Exemplare dieser Größe bisher zwar nicht vor, aber an den Beifängen der Kutter ließ sich beobachten, dass die Fänge sich seit dem Jahre 2012 häuften und inzwischen auch etwas größer geworden sind. 2012 fielen mir erstmalig juvenile Muscheln dieser Art auf, welche sich an eine Plastikfolie geheftet hatten. Sie waren etwa 5 Millimeter bis einen Zentimeter groß. In den Folgejahren tauchten diese Muscheln gelegentlich als etwa 3 bis 4 Zentimeter große Einzelexemplare im Beifang auf. Doch nach dem Rekordhitzejahr 2018 wurden dann im Herbst und Winter 2019 plötzlich einige Hundert Exemplare, darunter auch etliche sehr bunte Muscheln, von den Kuttern vor der Insel Juist eingesammelt. Diese waren dann meist etwa 3 bis 4 Zentimeter breit. Dieses legt die Vermutung nahe, dass diese Muscheln aus zwei Gründen zu uns kommen. Erstens finden sie auf dem vielen Müll auf dem Meeresboden besser Halt als auf nackten Sandböden. Und zweitens profitieren sie wie fast alle Muscheln aus dem Ärmelkanal von dem immer wärmeren Meerwasser, da sich unter solchen Bedingungen die kleinen Planktonorganismen des Phytoplanktons, also ihre Hauptnahrungsquelle, noch besser und schneller vermehren können.
Im Jahre 2019 landeten die Fischer von Norddeich Hunderte dieser Muscheln vor der Insel Juist an. Sie waren meist 3 bis 4 Zentimeter groß und es befanden sich etliche sehr bunte Exemplare darunter, die in ihrer Farbigkeit an tropische Muscheln erinnerten.
Darüber hinaus fanden sich auch einige wenige Exemplare der **Bunten Kammmuschel,** *Mimachlamys varia*. Diese Art ist bisher in unseren Gewässern nur sehr selten zu finden, doch kommt sie in südlicheren Meeresteilen etwas häufiger vor. Sollte sie in Zukunft in der südlichen Nordsee häufiger und größer werden, wäre dieses ein weiterer Beleg für den anthropogenen Klimawandel.

Die **Französische Miesmuschel** ist bereits dem südlichen borealen Faunenkreis zuzurechnen. Regulär ist sie vom Mittelmeer bis zur niederländischen Küste verbreitet, doch findet man sie seit einigen Jahren auch auf den ostfriesischen Inseln und in der südlichen Deutschen Bucht. Sie erreicht eine maximale Schalenlänge von etwa 80 Millimetern. Von der gewöhnlichen Miesmuschel kann man sie anhand der etwas breiteren und flacheren Grundform ihrer Schale unterscheiden, sowie am eher bräunlichen Fleisch und dem leicht violetten Rand ihres Mantels. Das Problem besteht darin, dass sie sich auch mit der gewöhnlichen Miesmuschel bastardiert, was dann zu kaum bestimmbaren Schalenexemplaren führt. Die Französischen Miesmuscheln sind seit Beginn der 2000er Jahre in der südlichen Nordsee auf dem Vormarsch Richtung Norden, während die gewöhnlichen Miesmuscheln auf dem Rückzug sind. 2013 beklagten die Muschelfischer einen deutlichen Rückgang ihrer Erträge im deutschen Wattenmeer der südlichen Nordsee. Ich konnte diese Art bereits auf Borkum, auf Norderney, auf Baltrum, in Norddeich und in Wilhelmshaven auffinden. Allerdings waren diese Exemplare meistens nur kleine bis mittelgroße Muscheln. Es kann jedoch nicht ausgeschlossen werden, dass sich unter diesen Exemplaren auch **Hybriden** aus *Mytilus edulis* und *Mytilus galloprovincialis* befinden. Man findet diese kleinen Muscheln inzwischen recht häufig an Plastikmüll, alten Fischernetzen und anderem Abfall, an dem sie sich mit ihren Byssusfäden fest verankern. Etwa seit Mitte der letzten Dekade hat ihre Häufigkeit deutlich zugenommen. Welche Konsequenzen diese kleine Invasion für das Ökosystem haben wird, ist noch nicht absehbar.

Die **Sandklaffmuschel** lebt tief eingegraben im Wattboden. Sie streckt ihren zweigeteilten Siphon aus, durch den sie ihr Atemwasser und kleine Nahrungspartikel einstrudelt, und das gefilterte Wasser daneben wieder ausströmt. Klaffmuscheln können mehrere Dezimeter tief in das Substrat eindringen. Dabei dringen sie in sauerstofflose Bodenschichten vor, in denen andere Tiere nicht mehr leben können. Klaffmuscheln kann man im Watt ausgraben, wobei die erschreckten Muscheln auch häufig Wasserfontänen ausspucken. Sie sind essbar, doch werden sie vom Menschen nur lokal genutzt. Auf Wasserverunreinigungen und Kälte reagieren sie empfindlich, und lokale Populationen können bei ungünstigen Umweltfaktoren plötzlich großflächig absterben. Dann werden die stinkenden toten Muscheln in großen Mengen an den Strand gespült, und noch Jahre später geben die Ansammlungen ihrer Schalen ein Zeugnis von dem Desaster. Klaffmuscheln steuern wegen ihrer Größe einen großen Teil zu den Muschelschalenansammlungen vor den Küsten bei. Deshalb wurden diese Muschelbänke in der Vergangenheit von den Küstenbewohnern sogar kommerziell abgebaut, um aus den Muschelschalen Kalk für den Häuserbau zu gewinnen. Die Sandklaffmuschel ist auf der gesamten Nordhalbkugel der Erde verbreitet, und in der Nordsee war sie während einiger Kälteperioden der Vergangenheit zwischenzeitlich vorübergehend verschwunden. Daher profitiert diese Art von der Meereserwärmung und es ist sehr wahrscheinlich, dass ihr Bestand noch etwas stärker als bisher anwachsen könnte.

Lebende Ottermuschel vom Krabbenkutter, gefangen 2017.

Die Schalen der Ottermuschel haben eine ganz andere Bezahnung als die der Sandklaffmuschel; außerdem sind sie oft von einer braunen dünnen Haut überzogen, die auch als *Periostrakum* bezeichnet wird. Somit erinnern sie in frischem Zustand eher an eine Teichmuschel aus dem Süßwasser.

Die **Ottermuschel** gehört eigentlich eher in den Ärmelkanal und kam bislang nur sporadisch an unseren deutschen Küsten der südlichen Nordsee vor. Es scheint sich aber aufgrund der letzten warmen Jahre etwa seit dem Jahr 2010 eine Population in der südlichen Nordsee vor den Inseln Borkum bis Norderney und Baltrum etabliert zu haben. Diese Muschel ähnelt auf den ersten Blick der **Sandklaffmuschel** *Mya arenaria*, doch sind ihre Schalenklappen etwas runder und ihre Schalendicke ist geringer. Und auch ihr Siphon ist im Vergleich kürzer, dicker und nicht ganz einziehbar. Ihre Schale ist von einer braunen Haut überzogen, was auf den ersten Blick an eine Teichmuschel aus dem Süßwasser erinnert. Die Ottermuschel kann etwa 13 Zentimeter lang werden. Obwohl sie nicht zur Familie der Klaffmuscheln gehört, hat sie doch eine ähnliche Lebensweise und kann sich ebenfalls bis zu 40 Zentimeter tief ins Substrat eingraben. Ob die Ottermuschel nur ein Beispiel für eine Artenverschleppung durch Schiffsverkehr oder ein weiterer faunatischer Beweis für eine Klimaerwärmung in der südlichen Nordsee ist, kann zurzeit noch nicht eindeutig gesagt werden. Das liegt vor allem daran, dass Ottermuscheln zu den Arten gehören, die bei kurzen Warmphasen nach Norden vordringen und dann bei einem strengen Winter eingehen. Und somit wieder aus den eben erst erschlossenen Habitaten verschwinden. Auffällig ist es jedoch, dass Krabbenkutter seit dem warmen Jahr 2016 diese Muscheln gelegentlich mitanlanden. So auch in den Folgejahren 2017, 2018, 2019 und 2020. Darüber hinaus wurden Schalen von Ottermuscheln in jüngerer Zeit auch vermehrt an den Stränden der Ostfriesischen Inseln aufgefunden. Es ist deshalb sehr wahrscheinlich, dass die Fauna des Ärmelkanals bereits damit begonnen hat, sich nach Norden zu verlagern. Das Einzige, was bisher noch fehlt, ist der Nachweis kleiner juveniler Ottermuscheln, welcher eine Reproduktion ihrer Population eindeutig belegen würde. Allerdings findet man auch bei den ähnlichen Klaffmuscheln die leeren Schalen von Jungmuscheln eher selten auf. Eine Analyse und vorsichtige Schätzung der bisher entdeckten Muscheln, die eine Größe von etwa 100 Millimetern hatten, ergab, dass diese Exemplare etwa 8 bis 10 Jahre alt sein müssen. Das würde also bedeuten, dass die Larven dieser Art sich etwa ab dem Jahr 2010 auf den Böden vor den Ostfriesischen Inseln niedergelassen haben müssen. Ihr Wachstum dokumentiert, dass ihnen die neuen Lebensbedingungen im Norden bestens bekommen.

Adulter Forbes`Kalmar, etwa 30 Zentimeter lang.

Eier des Forbes`Kalmars, die so genannte „Spargelqualle".

Den **Forbes`Kalmar** kennt man ursprünglich aus dem Nordostatlantik und aus dem Mittelmeer, inzwischen ist er jedoch sehr viel weiterverbreitet. Das heißt, dass er im Süden sein Verbreitungsgebiet via Suez-Kanal und Rotes Meer bis in den Indischen Ozean entlang der afrikanischen Küste ausgedehnt hat. Auf der anderen Seite jedoch dringt er inzwischen immer weiter in den Norden vor. Seit Mitte der 2000er Jahre kennt man ihn daher inzwischen sogar aus schwedischen Gewässern. Er gehört mit zu den häufigsten Arten der Gattung in seinem Verbreitungsgebiet und wird sehr oft kommerziell gefangen, dann allerdings nicht in der Nordsee, sondern in etwas südlicher gelegenen Meeresteilen. Dieser Kalmar bleibt mit einer Gesamtlänge von 60 Zentimetern erheblich kleiner als der Pfeilkalmar. Am besten unterscheidet man ihn vom Pfeilkalmar jedoch anhand seiner Augen, da er diese nicht schließen kann, und anhand der Form seiner Flossen am Körperende. Kalmare schwimmen normalerweise mit ihren Flossensäumen vorwärts und benutzen die Rückstoßdüse nur zur Flucht vor Feinden. Dabei können sie den Angreifer gleichzeitig mit dem Ausstoß einer dunklen Tintenflüssigkeit verwirren. Ihre Beute packen sie mit ihren beiden stark verlängerten Fangtentakeln, führen sie dann zu ihrem Papageischnabel und beißen sie in kleine mundgerechte Stücke. Forbes` Kalmar laicht seit einigen Jahren offensichtlich immer öfter und jahreszeitlich betrachtet früher im deutschen Wattenmeer ab. Hierbei legen die Weibchen des Forbes`Kalmars ihre Eikapseln ringförmig um einen Mittelpunkt herum wie die Strahlen der Sonne ab. Diese Gelege werden im Volksmund auch gerne als **"Spargelqualle"** bezeichnet. Im Hitzejahr 2016 tauchten diese Kalmare zur Eiablage etwa im Mai und Juni in der südlichen Nordsee bei den Ostfriesischen Inseln Juist und Norderney auf, wo einige Dutzend von den Kuttern eingesammelt wurden. Auch einige Eigelege wurden mitgefangen, da die Tiere diese an alte Netzreste und anderen Abfall angeheftet hatten. Nachdem im Frühjahr 2020 die Jahreszeit „Winter" in der südlichen Nordsee de facto nicht mehr stattgefunden hatte, fingen die Kutter bereits im April einzelne Forbes` Kalmare. Die Fänge setzten sich bis Anfang Mai fort. Das belegt, dass die Tiere jetzt auch noch früher als sonst zum Ablaichen in die südliche Nordsee kommen. Im Hitzejahr 2018 konnten sie von Büsumer Fischern im Oktober an der Nordseeküste Schleswig-Holsteins gefangen werden. Wollten sie dort etwa nochmals ablaichen?

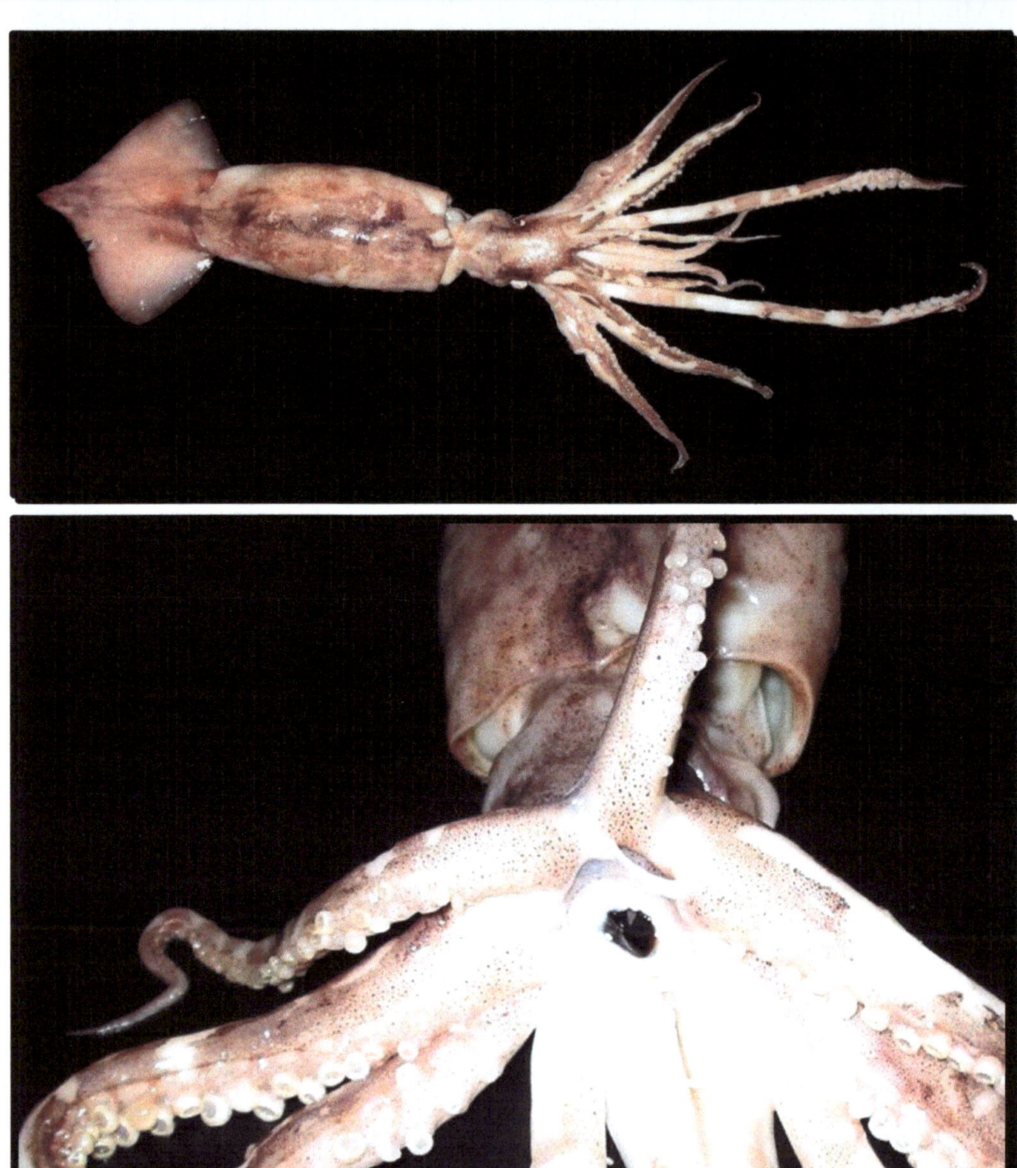

Schnabel des Pfeilkalmars. Dieser ist wie ein Papageienschnabel geformt und dazu geeignet, Beutetiere in mundgerechte Stückchen zu häckseln.

Der **Pfeilkalmar** kommt in der Arktis, im Nordatlantik und selten in der Nordsee oder der westlichen Ostsee vor. Er wird bis zu 150 Zentimeter lang und gehört damit bereits zu den größeren Arten dieses Formenkreises. Man findet ihn häufig im Fischhandel, wo meist kleinere Exemplare aus dem Südatlantik ganz und dann tiefgefroren angeboten werden. Die Literatur ist zu dieser Art etwas widersprüchlich, denn hier wird sie unter den **Synonymen *Ommatostrephes sagittatus, Ommastrephes sagittatus, Loligo todarus*,** und sogar ***Illex spec.*** geführt. Im Speisefischhandel wird sie auch unter diesen Namen angeboten und vermarktet. Die genaue Artbestimmung von Tintenfischen und Kalmaren ist leider alles andere als einfach, kann aber anhand der Untersuchung der Form und Anordnung der Saugnäpfe an den Armen, der Beschaffenheit der Augen und der Form der Flossen am Körperende vorgenommen werden. Auch die Form der Kiefer und des Innenskeletts, des Gladius, kann mit hinzugezogen werden. Daher sind lebend fotografierte Tiere die am schwersten zu bestimmenden, da man bei ihnen diese artspezifischen Merkmale oft nicht untersuchen kann. Das hier rechts abgebildete Exemplar wurde im Mai 2016 in der südlichen Nordsee bei den ostfriesischen Inseln von einem Krabbenkutter gefangen. Darüber hinaus strandete im gleichen Zeitraum ein noch etwas größeres Exemplar am Nordstrand der Insel Borkum, welches man nun als konserviertes Exemplar im Nordseeaquarium Borkum bestaunen kann. Wegen seines großen Verbreitungsgebietes kann man beim Pfeilkalmar leider kaum eine Aussage darüber machen, ob sein Erscheinen an unseren Küsten eine Klimaerwärmung belegt. Jedoch könnte das synchrone Auftauchen dieser bei uns eher seltenen Art gemeinsam mit dem Forbes`Kalmar dafürsprechen, dass sich durch eine Erwärmung des Meerwassers die Fortpflanzungsbedingungen in unseren Gewässern verbessert haben. Somit könnten sich die Bruten dann schneller entwickeln, und dann nach dem Schlupf zum Fressen und Wachsen weiter nach Norden ziehen.

Gemeiner Tintenfisch, *Sepia officinalis* Linnaeus, 1758

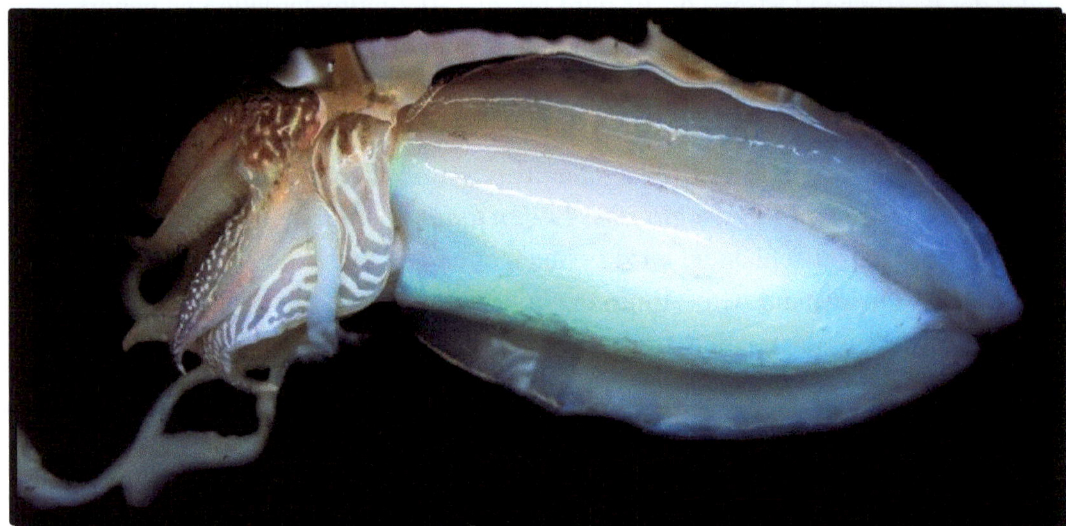

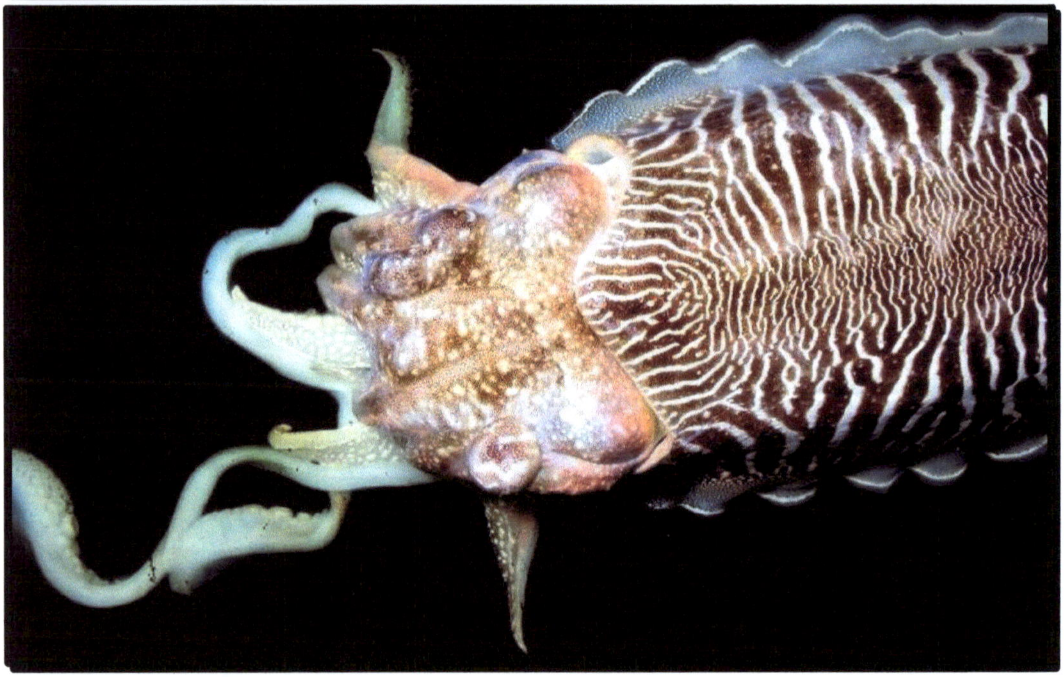

Der Tintenfisch kann mit Hilfe von Bakterien leuchten (Biolumineszens). Man beachte die irisierenden Flossensäume!

Tintenfische findet man im Mittelmeer, im Atlantik, in der Nordsee und in der westlichen Ostsee. Sie werden bis zu 50 Zentimeter lang und wachsen, bis sie nach der Paarung eines natürlichen Todes sterben. Der Gemeine Tintenfisch scheint in der Nordsee saisonal häufig zu sein, da man lokal große Mengen angespülter Schulpe, das heißt die Innenskelette des Tintenfisches, an den Stränden finden kann. Auch legen dieses Schulpe Zeugnis davon ab, dass Tintenfische in der Nordsee recht respektable Größen erreichen. Klassische Laichplätze der Tintenfische liegen eher in der südlichen Nordsee wie z.B. der Mündung der Oosterschelde und im Ärmelkanal, doch sind auch schon Eitrauben des Tintenfisches im Dornumer Watt gefunden worden. Da in jüngerer Zeit Tintenfische im Katinger Watt der Halbinsel Eiderstedt gefunden wurden, liegt die Vermutung nahe, dass sie momentan ihre Laichplätze in den Norden der Nordsee ausweiten. Dies kann als ein weiterer Beleg für die fortschreitende Erwärmung der Nordsee gewertet werden, und sollte uns daher sehr nachdenklich stimmen. Möchte man Sepien halten, ist die beste Methode die, junge Tintenfische aus Eitrauben zu erbrüten und sie dann in einem Artenbecken zu halten. Dadurch erspart man sich den mühevollen Fang und den schwierigen Transport adulter Tiere, die hier sehr anfällig sind. Sie benötigen verhältnismäßig große Aquarien, da sie im Falle des Erschreckens mit Hilfe ihres Atemsiphons einen Rückstoß abgeben können, der sie an die nächste Aquarienscheibe befördert. Dadurch kann es passieren, dass sich der Schulp des Tintenfisches verschiebt und innere Verletzungen verursacht, die zum Ableben des Tieres führen. Der Tintenfisch kann sich farblich seiner Umgebung völlig anpassen, in dem er Farbe und Körperform ändert. Hierbei kann er kleine Ausstülpungen auf seiner Körperoberfläche aktivieren, um beispielsweise wie ein rauer Stein auszusehen. Durch Taucher wurde außerdem beobachtet, dass Tintenfische sehr zärtliche Liebhaber sind, die während ihrer Paarung stimmungsabhängig ihre Farbe ändern. Tintenfische können sich im Bodensubstrat eingraben. Dort lauern sie auf kleine Fische und Krebse, die sie mit ihren beiden langen ausstülpbaren Fangtentakeln erbeuten. Die Beute wird dann mit dem papageiähnlichen Schnabel, der zwischen den Armen sitzt, in schlundgerechte Stücke zerbissen und verschlungen. Ihrerseits dienen Tintenfische zahllosen Raubfischen und auch dem Menschen als proteinreiche Nahrungsquelle.

Diese Eitrauben wurden im September 2016 von mehreren Kuttern eingesammelt. Links noch mit schützender dunkler Eihaut, rechts ohne diese Haut. Sie hingen an Nylonschnüren…

Als die Kutter in Juni 2016 diese Eigelege einsammelten, war es leider gerade nicht möglich, lebende **Schwebegarnelen (*Mysis spp.*)** als Futter zu besorgen, und auch gefrorene waren einfach nirgends aufzutreiben. Die ganze Küste schien wie leer gefegt zu sein, und so war eine erfolgreiche Aufzucht der kleinen Tintenfische leider nicht möglich. Dieses Beispiel zeigt, wie fragil das Ökosystem der südlichen Nordsee inzwischen geworden ist. Darüber hinaus sei noch angemerkt, dass die Tintenfisch-Eltern ihre Brut offenbar an Nylonschnüren abgelegt hatten. Das bedeutet im Klartext, dass die Assoziierung mit Müll bei den Meerestieren der Nordsee inzwischen schon in der Kinderstube beginnt. Somit nehmen also schon die jüngsten Organismen die an den vom Menschen emittiertem Müll anhaftenden Toxine auf. Dadurch gelangen diese Gifte immer früher in die marine Nahrungskette, wodurch diese von Beginn an verseucht ist. Menschen, die solche Meerestiere aus der Nordsee häufig verzehren, leben damit selbst sehr ungesund…

Früher wurden die beiden Stämme der ***Cnidaria***, also der **Nesseltiere** und der ***Ctenophora***, der **Rippenquallen**, in dem Begriff der ***Coelenterata*** zusammengefasst, ist aber heutzutage ein ungültiger Begriff. Die Übersetzung des Wortes ***Coelenterata*** müsste wörtlich übersetzt eigentlich **„Darmlöcher"** lauten, doch klingt das nicht gerade schön, weshalb man diese Tiere früher als **„Hohltiere"** bezeichnete. Der Stamm der ***Cnidaria*** ist extrem vielgestaltig und hat seinen größten Artenreichtum in den tropischen Korallenriffen entwickelt. Im Süßwasser gibt es nur sehr wenige Vertreter dieses Stammes, doch sind die **Süßwasserpolypen** der Gattung ***Hydra*** vor allem den Aquarienfreunden verhasst, die sie durch Lebendfutter aus Tümpeln in ihre Aquarien einschleppen, wo sie dann die Jungfischbruten dezimieren. Im Weltmeer leben die Vertreter der Nesseltiere in allen Wasser- und Tiefenzonen, und mit ihren planktonischen Larven sind sie dazu in der Lage, sich über weite Distanzen zu vermehren und auszubreiten. Die frei schwebenden Medusen haben dabei die Hoheit in allen Weltmeeren inne, denn sie beherrschen nahezu alle Wasserschichten und stellen oft die häufigsten Beifänge der Forscher, die in der Tiefsee nach neuen Arten fischen. Einige Arten dieser Gruppe sind sehr klein und erreichen nur wenige Zentimeter Endgröße, während andere sich zu exorbitant großen Superorganismen vereinigen und Längen von bis zu 40 Metern und mehr erreichen können. Viele Nesseltiere können mit Hilfe ihrer Nesselkapseln ihre Beutetiere oder Feinde erheblich nesseln, betäuben, lähmen und töten. Doch wurde erst kürzlich nachgewiesen, dass manche Weichkorallen sogar Vegetarier sind, die ausschließlich Phytoplankton fressen, weil ihre Nesselkräfte nicht stark genug sind, um Zooplankton festzuhalten. Bei allen nesselnden Hohltieren kann man sich den Nesselvorgang so vorstellen, dass das Hohltier in seiner Haut eingelagerte Nesselkapseln besitzt, welche einen kleinen Pfeil besitzen, der über einen Verbindungsschlauch mit einer Giftdrüse gekoppelt ist. Diese Kapsel ist mit einem Deckel verschlossen, der sich auf einen Reiz hin öffnet. Wird der Deckel zum Beispiel durch eine Berührung eines Futtertieres gereizt, so wird er in Millisekunden geöffnet, und die Nesselkapsel schleudert ihren Giftpfeil mit Hochdruck heraus. Die Toxizität ist von Art zu Art recht verschieden, so dass nur schwach giftige Nesseltiere sogar vom Menschen gegessen werden können. So werden beispielsweise diverse Seeanemonen in skandinavischen Ländern oder auf den Kanarischen Inseln von den Einheimischen verzehrt. Oder in Korea werden sogar Quallen für den menschlichen Verzehr zubereitet. Andererseits gibt es Nesseltiere, deren Gift auch für den Menschen tödlich ist, weil es meist zu Atem- oder Muskellähmungen führt, die im Wasser häufig zum Ertrinken des Opfers führen. Gefürchtet sind hier insbesondere die australische **Würfelqualle *Chironex fleckeri***, sowie eine kosmopolitisch vorkommende Staatsqualle, nämlich die **Portugiesische Galeere *Physalia physalis***. Da selbst bei gestrandeten Medusen die Nesselkapseln häufig noch aktiv sind, sollte man diese auf keinen Fall berühren! Wurde man doch genesselt, darf man evtl. noch anklebende Nesselfäden nicht einfach abreiben, sondern sollte Essig auf die genesselte Haut träufeln, und den Nesselfaden mit einem Messer abschaben. Auch kann es hilfreich sein, die Rötung zu pudern. Bei schweren Vernesselungen und Allergien sollte man möglichst rasch einen Arzt aufsuchen. Glücklicherweise kommen in der Nordsee nur wenige für den Menschen schmerzhaft nesselnde Quallen vor, doch sollte man sich stets davor hüten, unbekannte Nesseltiere anzufassen. Denn noch längst sind hier nicht alle Arten der Wissenschaft bekannt, und es wäre auch denkbar, dass Quallen aus anderen Seegebieten durch die internationale Schifffahrt in die Nordsee verschleppt wurden. Wurde in der Vergangenheit gelehrt, dass es aus Kalk gebildete Korallenriffe nur in tropischen Regionen geben könne, in denen die Wassertemperatur ganzjährig nicht unter 20° Celsius absinkt, so musste diese althergebrachte Doktrin vor kurzem vollständig revidiert werden. Denn in den Fjorden Norwegens wurden Jahrtausende alte Riffe mit hermatypischen[1] Steinkorallen entdeckt, die auch ohne Zuhilfenahme von Sonnenlicht bei Temperaturen von etwa 4°Celsius ihrer Bautätigkeit nachgehen. Dabei stehen ihre Farben denen von tropischen Korallen in nichts nach! Auch vor den isländischen Küsten des Nordatlantiks sind solche Riffe bereits nachgewiesen worden, doch wurden sie hier leider meist bereits durch die Fischfangindustrie durch den Einsatz schwerer Bodenschleppnetze dem Erdboden gleichgemacht. Deshalb laufen zurzeit angestrengte Bemühungen, die gerade erst entdeckten norwegischen Riffe durch Einrichtung von Schutzzonen der Nachwelt unserer Kinder zu erhalten. Da diese Riffbildner wegen der vorherrschenden niedrigen Temperaturen nur sehr langsam Riffe bauen, ist die Regenerationsfähigkeit der Kaltwasserriffe erheblich geringer

---

[1] hermatypisch = riffbildend

als die tropischer oder subtropischer Riffe. Dies hängt vor allem damit zusammen, dass Stoffwechselvorgänge jeglicher Art bei niedrigen Temperaturbereichen erheblich langsamer ablaufen. Daher werden Kaltwassertiere auch häufig sehr viel älter als Warmwasserorganismen. Manche dieser Organismen werden sogar älter als Menschen – so sind beispielsweise **Zylinderrosen** der Gattung *Cerianthus* nachweislich schon länger als 80 Jahre in Aquarien gepflegt worden. Und auch Seeanemonen der Art *Actinia equina* wurden bereits erfolgreich mehrere Jahrzehnte lang gepflegt, wobei eine einzige Aktinie mehr als 1.000 lebende Jungtiere ausspuckte, deren urelterliches Gewebe möglicherweise noch heute in öffentlichen Aquarien im Umlauf ist. Aus diesem Grund sind solche Lebewesen potentiell unsterblich, weil sie sich mit solchen Vermehrungsmethoden selbst klonen können und ihr genetisches Erbgut rein und unverfälscht in ihren zahlreichen Nachkommen erhalten bleibt, die darüber hinaus immer noch Originalgewebeteile ihrer Urvorfahren in sich tragen. Weil Nesseltiere schon immer von den Meeresströmungen um den ganzen Planeten verdriftet wurden, kann man aus dem Auftauchen und Verschwinden einzelner Arten leider nur sehr wenige Rückschlüsse auf Klimaänderungen ziehen. Aber das massierte Auftauchen einzelner Arten an Orten, wo man sie sonst nur selten finden konnte, kann oft als ein Indikator dafür gewertet werden, dass sie hier nun mehr Plankton finden als zuvor. Und das Gedeihen des Meeresplanktons geht selbstverständlich einher mit einer steigenden Wassertemperatur, denn diese fördert das rasche Wachstum des Phytoplanktons, welchem dann die rasche Zunahme des Zooplanktons auf dem Fuße folgt. So können dann also die Häufigkeit und die Größe aufgefundener Nesseltiere in Relation zur Jahreszeit einige Hinweise auf den fortschreitenden Klimawandel liefern, auch wenn diese Zusammenhänge nur schwer erkannt werden können. Besonders erheblich ist es dabei, ab welchem Monat welche Arten wie häufig in Küstennähe auftauchen. Besonders die **Schirmquallen (*Scyphozoa*)** eignen sich bestens für diese Art von Studien.

Nachstehend einige typische Quallenarten, die man ab Frühjahr in der südlichen Nordsee antreffen kann:

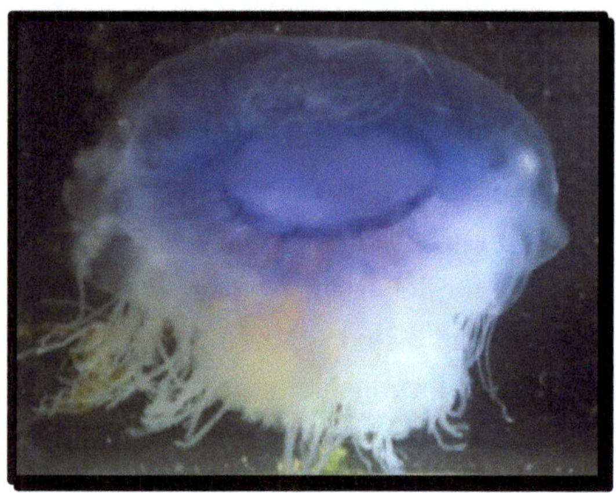

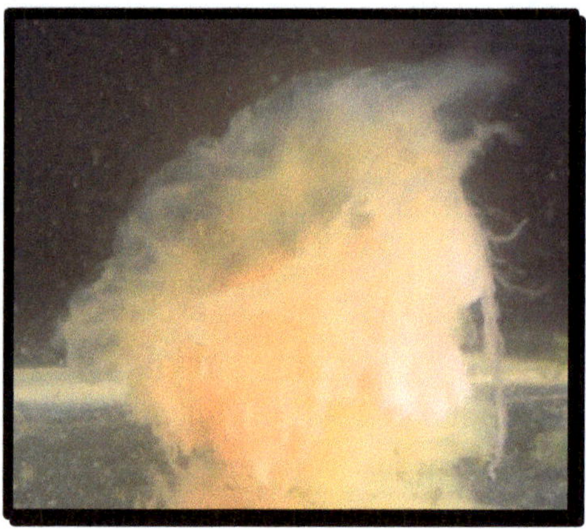

Blaue Haarqualle, *Cyanea lamarckii*, bis 20 Zentimeter Radius.

Gelbe Haarqualle, *Cyanea capillata*, bis 100 Zentimeter Radius.

Ohrenqualle, *Aurelia aurita*, bis zu 40 Zentimeter Radius. Lokal sehr häufig.

Wurzelmundqualle, *Rhizostoma pulmo*, Radius meist bis 30 Zentimeter. Diese Art taucht eher im Spätsommer in der Deutschen Bucht auf. Ein früheres Erscheinen könnte Rückschlüsse über eine Erwärmung des Meeres liefern…

Kompaßqualle, *Chrysaora hysoscella*, Radius meist bis 20 Zentimeter. Diese Qualle taucht meist erst im Sommer in unseren Gewässern auf.

Diese kleine Seeanemone kam ursprünglich aus Richtung des Ärmelkanals bis in die Deutsche Bucht. Wobei sie auch in Ästuarien mit niedrigen Salzgehalten vordringt, und deshalb auch in der Elbemündung gefunden werden kann. Sie erreicht nur etwa einen Zentimeter Durchmesser und kann auf den ersten Blick sehr leicht mit Jungtieren der **Seenelke** *Metridium senile* verwechselt werden. Doch hat die Seenelke erheblich mehr Tentakel als die **Wellenbrecheranemone**. Solche Arten gehören zu den Gewinnern des Klimawandels. Etwa seit den 2000er Jahren dringt diese Art immer weiter vor. Im Aquarium ist sie gut haltbar, und kann ohne Kühlung bei Zimmertemperatur gepflegt werden. Es sei dahingestellt, ob das Auftauchen dieser Art einen faunischen Beleg für den Klimawandel darstellt, oder ob sie einfach nur durch die Schifffahrt in unsere Gewässer verschleppt wurde. Fakt ist jedoch, dass man sie inzwischen an den Hafenpontons in der südlichen Nordsee ganzjährig auffinden kann. Meist findet man sie dann assoziiert zu den Schalen der ebenfalls eingeschleppten **Pazifischen Riesenauster** *Magallana gigas*.

Die **Becherkoralle** findet man im Mittelmeer, um die Britischen Inseln herum und in der Nordsee; vor allem aber auf steinigen Untergründen. Besonders bekannt ist sie von den britischen Küsten, wo man sie als Devonshire Cup Coral bezeichnet. Sie wird nur etwa einen Zentimeter groß. Das oben abgebildete Skelett wurde im Jahr 2016 von einem deutschen Krabbenkutter vor der niederländischen Küste eingesammelt; es saß zwischen Seepocken an einem alten Fender. Da die Becherkoralle in der südlichen Nordsee gewöhnlich keine harten Untergründe findet, kann man sie am ehesten auf Müll, Schiffswracks oder an Offshore-Windkraftanlagen aufspüren. Aus diesen Gründen ist der Fund einer solchen Koralle eine echte Rarität! Ihr Skelett besitzt große Ähnlichkeit mit dem tropischer Pilzkorallen. Lebende Exemplare können orangefarben bis grünlich gefärbt sein. Da diese echte kleine Steinkoralle zu den Kaltwasserkorallen gehört, kann man ihr Auftauchen nicht als Beleg für eine Klimaänderung werten. Denn schon seit langem kennt man diese Art auch aus dem Nordatlantik und von den Küsten Norwegens. Da man sie jedoch im Ärmelkanal oft assoziiert zu den **Seepocken** der Art *Adna anglica* antrifft, sollte bei Funden der Becherkoralle immer geprüft werden, ob eben diese Seepocken danebenstehen. Denn das Auftauchen dieser Seepocken in jüngerer Zeit könnte durchaus als Beleg für den Klimawandel gewertet werden, da man diese bisher nur von britischen Küsten kannte. So konnte ich genau diese Seepockenspezies im Januar 2020 an einer Plastikkiste auffinden, welche unseren Fischern vor der Insel Juist in die Netze geraten war. Über die Aquarienhaltung dieser Tiere scheint bisher leider kaum etwas bekannt zu sein.

Rippenquallen wurden systematisch als eigener Stamm von den anderen Nesseltieren abgegrenzt, weil sie keine Nesselzellen, sondern Klebezellen zum Beutefang besitzen. Diese wiederum sitzen zumeist an zwei Fangarmen. Außerdem besitzen sie feine Wimpernplättchen, die in symmetrischen Reihen entlang ihrer Körperachse angeordnet sind. Durch die Bewegung dieser Plättchen schwimmen sie aktiv im Wasser, während die Medusen aus dem Stamm der Nesseltiere sich meist nur treiben lassen, oder sich durch Kontraktionen ihres Medusenkörpers mit dem Rückstoßprinzip fortbewegen.

Seestachelbeere, *Pleurobrachia rhodopis* Chun, 1880

Die **Seestachelbeere** findet man sehr häufig im Flachwasser von Nord- und Ostsee. Sie wird etwa zwei Zentimeter lang, kann ihre Tentakel jedoch mindestens zehn Zentimeter lang ausfahren. Seestachelbeeren sind Zwitter, die mit etwa einem Millimeter Länge aus dem Ei schlüpfen. Sie sind dann bereits geschlechtsreif und pflanzen sich sofort fort. Dann bilden sich ihre Keimdrüsen zunächst zurück. Sind sie ausgewachsen, bilden sich ihre Gonaden wieder, und sie können sich nochmals vermehren. Die Eier der erwachsenen Tiere sind dann erheblich größer als die der jungen Generation der Seestachelbeeren. Wenn man über das Jahr verteilt ihre Vermehrungszyklen studiert, dann kann man daraus Rückschlüsse auf die Erwärmung des Meeres ziehen. Denn je höher die Temperatur, umso häufiger kann sie sich mit noch mehr Generationen erfolgreich analog des Planktonvorkommens vermehren. Deshalb sollte man solchen Tieren künftig mehr Beachtung schenken und sie einem dauerhaften Monitoring unterziehen.

Zur **Unterklasse *Errantia*** gehören Vertreter, die keine Wohnröhren oder Kalkgehäuse bauen. Auch haben diese Würmer keine Körpersegmente, die sich durch andere Beschaffenheit oder besondere Strukturen von anderen Segmenten abgrenzen. Dafür besitzen sie sehr gut entwickelte Stummelfüßchen, welche als ***Parapodien*** bezeichnet werden. Auch haben sie viele Stacheln und Borsten, welche sie vor allem vor Fressfeinden schützen sollen. Manche besitzen auch gut ausgebildete Augen. Manche Arten dieser Unterklasse sind giftig, und abgebrochene Stacheln können böse Entzündungen verursachen. Um solche feinen Borsten aus der Haut zu entfernen, verwende man am besten etwas Klebeband, woran die Stacheln dann im Optimalfall hängen bleiben. Manche Ringelwürmer besitzen darüber hinaus auch starke Kiefer, mit denen sie kräftig zupacken können. Dem Menschen werden sie zwar nicht gefährlich, aber einen unangenehmen Zwicker riskiert man in jedem Fall, wenn man einen solchen Wurm in die Hand nimmt. Deshalb sollte man sich beim Hantieren mit diesen Würmern durch Gummihandschuhe schützen. So ist man gleichzeitig vor den feinen Borsten dieser Arten geschützt. Die Größe der ***Errantia*** kann sehr stark zwischen wenigen Millimetern Länge und einem Meter schwanken, wobei man solche großen Exemplare nur selten in Ufernähe auffinden kann. Viele Ringelwürmer, wie etwa die Vertreter der ***Nereididae***, findet man auch regelmäßig auf Muschelbänken oder zwischen Miesmuscheltrauben an Buhnen, wo sie sich tagsüber unter dem Schutz der Muschelgespinste vor ihren Fressfeinden verstecken. So kann man diese oft unabsichtlich mit diesen Muscheltrauben in ein Aquarium einschleppen. Zu Gesicht bekommt man sie dann meistens erst nachts nach dem Abschalten der Aquarienbeleuchtung, wenn sie auf Futtersuche gehen. Hier gilt: Je größer solch ein Wurm wird, desto räuberischer ist er dann auch und kann zu einer Gefahr für andere kleine Wirbellose werden. Manche Würmer sind sogar so selbstbewusst, dass sie des Nachts quer durch das freie Wasser schwimmen und offensichtlich keinerlei Respekt vor einem möglichen Fischbesatz haben. Dieses Verhalten konnte ich bei einem Wurm beobachten, der wahrscheinlich der **Gattung *Nereis*** angehörte. Daraus folgerte ich, dass diese Würmer über sehr wirkungsvolle Abwehrmechanismen gegen Angriffe von Fischen verfügen müssen. Oder er war in

Paarungsstimmung und suchte einen Geschlechtspartner. Letzteres ist eine Eigenschaft, die vielen Borstenwürmern regelmäßig zum Verhängnis wird. So konnte ich im Februar 2014 am Strand von Neßmersiel eine **Massenhochzeit** von *Hediste diversicolor* beobachten, bei welcher zahllose Würmer am helllichten Tag im Flachwasser bei der Eiablage zu beobachten waren. An Ringelwürmern und ihren Beständen lassen sich einige Rückschlüsse auf klimatische Veränderungen ziehen, wenn man ihre Bestände und ihre Vermehrungsgewohnheiten über mehrere Jahre, besser noch Jahrzehnte, sorgfältig studiert. So gibt es etwa Arten, deren Populationen in kalten Winterjahren bei extremen Kälteeinbrüchen komplett absterben und so aus der südlichen Nordsee verschwinden. Das heißt, dass diese Arten nach einem solchen Kälteschock erst wieder aus dem Ärmelkanal in den Norden vordringen müssen, um sich hier Habitate zurück zu erobern. Dieses geschieht, indem sie in den südlicheren Meeresteilen ihre Trochophora-Larven dem Golfstrom anvertrauen, welcher sie dann in die Deutsche Bucht befördert. Hier entwickeln sie sich dann zu adulten Würmern und würden unter den sonst eigentlich „normalen" Umweltbedingungen in der Deutschen Bucht im Winter wieder als Population vollständig absterben und so anderen Organismen als Nahrung dienen. Bleibt der Winter dagegen „warm", sterben sie nicht mehr ab und beginnen damit, sich weiter zu vermehren. Welche Auswirkungen das auf das Ökosystem der südlichen Nordsee hat, kann nur vermutet werden. Ein weiterer Effekt der Erwärmung des Nordseewassers ist es, dass die Ringelwürmer ihre Lebenszyklen ändern und immer früher im Jahr mit ihrer Reproduktion starten. Das hat dann viele Auswirkungen auf andere Tiere wie etwa Seevögel, Zugvögel und Fische, welche sich von diesen Würmern ernähren. Und von deren Vorhandensein zu bestimmten Jahreszeiten an bestimmten Lokalitäten angewiesen sind. Wir dürfen sehr gespannt sein, welche Würmer in Zukunft welche ökologische Nische besetzen werden, und wann sie dieses tun. Dies kann gravierende Auswirkungen auf den Vogelzug und die Fischerei haben, welche dann wie aus heiterem Himmel Probleme bekommen, die bis dahin gänzlich unbekannt waren.

Der **Opalwurm** erreicht bis zu 20 Zentimeter Länge. Man findet diese Art außer in der Nordsee auch im Schwarzen Meer und im Mittelmeer. Daher gehört dieser Wurm zu den wärmeliebenden Arten, die früher in der südlichen Nordsee ihre nördlichste Verbreitungsgrenze hatten. Inzwischen findet man sie allerdings auch im Skagerrak, im Kattegatt und in der Ostsee. In kalten Wintern können die Populationen dieser Art komplett absterben, jedoch können sie ihre Verluste im folgenden Frühjahr mit höheren Reproduktionsraten wieder ausgleichen. Der Opalwurm ist ein starker Räuber, denn er frisst junge Muscheln, Kleinkrebse und andere Würmer. 2013 konnte ich trotz des langen Winters ein Exemplar dieser Art von einem Krabbenkutter erhalten. Die Kältewelle dauerte bis zum April 2013 an und bewirkte, dass sich die Plankton- und Lebenszyklen der Nordseetiere um mindestens einen Monat nach hinten verschoben. Offensichtlich hatte dieser kalte Winter trotzdem keinen Einfluss auf die Population dieser Würmer in der Saison 2013. Im Herbst 2019 fand ich dann sogar Jungtiere auf, welche eine Vermehrung des Opalwurms in unseren Küstengewässern belegen. Somit hat diese Art sich infolge der Klimaerwärmung offensichtlich bereits erfolgreich in unseren Gewässern etabliert.

Der **Grüne Seeringelwurm** ist ein sehr verborgen lebender Ringelwurm, der bis zu 80 Zentimeter lang werden kann. Tagsüber bekommt man diese Würmer kaum zu Gesicht, da sie sich in einer fest verkitteten Röhre aufhalten. Erst nachts kommen sie aus ihren Röhren und fressen Algen, Detritus und kleine Wirbellose. Mit ihren Kiefern können sie kräftig zupacken, und wenn man einen Wurm falsch anfasst, kann er zwicken. Mit ihren Paddelfüßen sind sie elegante Schwimmer, die sich schnell durch das Wasser schlängeln können. Im April und Mai pflanzen sich diese Würmer fort, wozu sie an die Wasseroberfläche schwimmen. Dies bedeutet ein Festmahl für diverse Seevögel und Fische. Im April kann man im Watt seltsame durchsichtige grünliche Klumpen (siehe Bild rechts) finden. Dabei handelt es sich um die Eipakete dieser Würmer, welche sich bis zum Schlupf in einer durchsichtigen Gallertmasse befindet, welche ähnlich wie eine Weintraube geformt ist. Nachdem der Winter 2019/2020 in der südlichen Nordsee offensichtlich „ausgefallen" war, konnte man die Eitrauben dieses Seeringelwurmes schon im März 2020 im Watt auffinden. Sollte sich dieser Trend fortsetzen, so wäre es sogar denkbar, dass solche Wurmarten in nur einer warmen Saison mehrfach zur Fortpflanzung schreiten, so dass dann auch im Herbst solche grünen Eitrauben im Watt aufgefunden werden könnten. Wir dürfen gespannt sein, was für Phänomene wir hier noch in der näheren Zukunft beobachten werden…

Die **Seemaus** ist ein relativ großer Ringelwurm, der bis zu 15 Zentimeter lang werden kann. Man findet sie meist ab 10 Metern Tiefe deutlich unterhalb der Gezeitenlinie und nur sehr selten nach stürmischen Tagen im Spülsaum. Die Seemaus macht im Schlamm Jagd auf kleine Tiere wie Mollusken und Würmer, ernährt sich aber auch von Aas und Detritus. Nach Aquarienbeobachtungen kann man sagen, dass diese Art ein kaltes Milieu bevorzugt und vor allem bei einer zu raschen Erwärmung schnell ablebt. Somit könnte man diese Art auch für ein gezieltes Monitoring zum Klimawandel verwenden, in dem man prüft, wie tief man fischen muss, um lebende gesunde Exemplare aufzufinden.

Der **Unterstamm** der *Crustacea* umfasst mehr als 40.000 bekannte Arten und täglich werden weitere neue Arten beschrieben. Zur Klasse der Krebstiere gehören diverse Arten niederer und primitiver Krebse, wie etwa **Hüpferlinge, Kiemenfüße** oder **parasitische Wurzelsackkrebse**; des Weiteren auch **Seepocken, Entenmuscheln, Widderkrebschen** und noch einige weitere. Bekannter sind jedoch solche Familien wie **Garnelen, Krabben, Langusten** und **Hummer.** Krebstiere wurden schon verschiedentlich als die „Insekten des Meeres" bezeichnet, und tatsächlich ist diese Sichtweise von einem rein ökologischen Standpunkt aus gar nicht so verkehrt. Denn die Krebse dienen in den marinen Ökosystemen zahlreichen anderen Tieren als Nahrung, während sie selbst oft die ökologische Nische der Gesundheitspolizei besetzt halten. Sogar die großen Bartenwale ernähren sich von winzigen Krebstieren, wie etwa dem Arktischen Krill, und könnten ohne diese wichtige Proteinquelle nicht überleben. Auch für den Menschen sind viele Krebstiere eine wichtige Proteinquelle, doch manche Arten sind auch schlichtweg Luxusartikel geworden. Ganze Fischereizweige und Sekundärindustrien sind von bestimmten Krebstieren und deren angelandeten Mengen abhängig, so beispielsweise die Krabbenfischerei, der Hummer- und Langustenfang, aber auch die sonstige Fischerei auf Schwimmkrabben, Geißelgarnelen und Taschenkrebse. Und selbstverständlich sind auch die Fischereizweige auf Hering, Scholle oder Dorsch von winzigen Krebstieren abhängig, da diese oft die Nahrungsgrundlage dieser kommerziell wichtigen Fischarten sind. In der südlichen Nordsee, das heißt auf den Ostfriesischen Inseln und an den Stränden des Festlandes, kann man seit einigen Jahren einige beunruhigende und manchmal auch widersprüchliche Phänomene in den Beständen von Krustentieren beobachten. Zunächst sind hier wie aus dem Nichts plötzlich Arten präsent, die aus diesem Meeresteil früher nicht bekannt waren. Sie wurden meist durch die Schifffahrt nach Europa eingeschleppt. Dazu gehören Arten wie die **Pazifische Uferkrabbe** oder auch die **Braune Felsengarnele** aus Korea. Diese Arten haben sich im Ökosystem Wattenmeer längst einen Platz erkämpft und konnten sich an die hier vorherrschenden Umweltbedingungen auch aufgrund des neuen wärmeren Milieus bestens anpassen. Dann gibt es weitere Arten, deren Verbreitungsgebiet sich von südlicheren Arealen im Ärmelkanal immer weiter nach Norden ausdehnt. Dazu gehören **Seegrasgarnelen, Zwergeinsiedler,**

Samtkrabben, mehrere **Schwimmkrabben,** die **Große Atlantik-Seespinne** und auch die **Strandkrabbe** des Mittelmeeres. Eine weiteres Problem ist, dass sich manche zugewanderte Art auch mit einheimischen Arten paaren kann. Es entstehen dann Hybride, die man keiner Art mehr eindeutig zuordnen kann. So mit großer Wahrscheinlichkeit bereits geschehen bei der Strandkrabbe! Wobei es zurzeit leider unklar ist, ob diese neuen Hybridexemplare sich fruchtbar weiter vermehren können. Denkbar wäre dieses übrigens auch von den eingeschleppten **Felsengarnelen** aus der Gattung ***Palaemon***. Und dann sind da noch die autochthonen Arten der Nordsee, von denen manche in der südlichen Nordsee inzwischen rückläufig und vom Aussterben bedroht sind. Wie etwa die **Nordische Seespinne**, welche zum arktischen Faunenkreis gehört, und die deshalb wahrscheinlich in absehbarer Zeit aus diesem Meeresteil verschwunden sein wird. Solche Arten wandern dann in Richtung Norden ab. Aber auch die **Sandgarnelen**, auf denen ein ganzer Fischereizweig ruht, haben schon damit begonnen, mit der Strömung auf Wanderung zu gehen. Was dann manchmal dazu führt, dass die Krabbenfischer mit ihren Booten diesen Tieren immer weiter in den Norden bis vor die Küsten Schleswig-Holsteins folgen. Und dann gibt es sogar noch Garnelenarten, welche man als „Klimaorakel" einsetzen kann. Nämlich die **Äsopgarnele *Pandalus montagui***, die eine ausgesprochene Kaltwasserart ist. Man findet sie gelegentlich auf Wochenmärkten zwischen gekochten Sandgarnelen. Wurde diese Art mitgefangen, dann stammt der Fang entweder aus Tiefen von mehr als 20 Metern, oder er kündigt den nahenden Herbst oder Winter an. Werden diese Garnelen nicht mehr gefangen, naht der Sommer. Und sind sie eines warmen Tages gar nicht mehr in der südlichen Nordsee präsent, dann bedeutet das, dass die Nordsee sich ganzjährig auf mehr als 14° Celsius aufgeheizt haben muss, und dass alle Klimaschutzbemühungen endgültig gescheitert sind… Im Folgenden werden wir verschiedene Krebstiere und ihre Relevanz für Aussagen über die Klimaerwärmung in der südlichen Nordsee etwas näher betrachten. Manches ergibt sich aus der Häufigkeit, anderes dagegen aus dem bloßen Vorhandensein oder der Größe gefundener Exemplare. Pauschale einfache Aussagen kann man hier nicht machen. Denn alles steht in einem größeren Kontext.

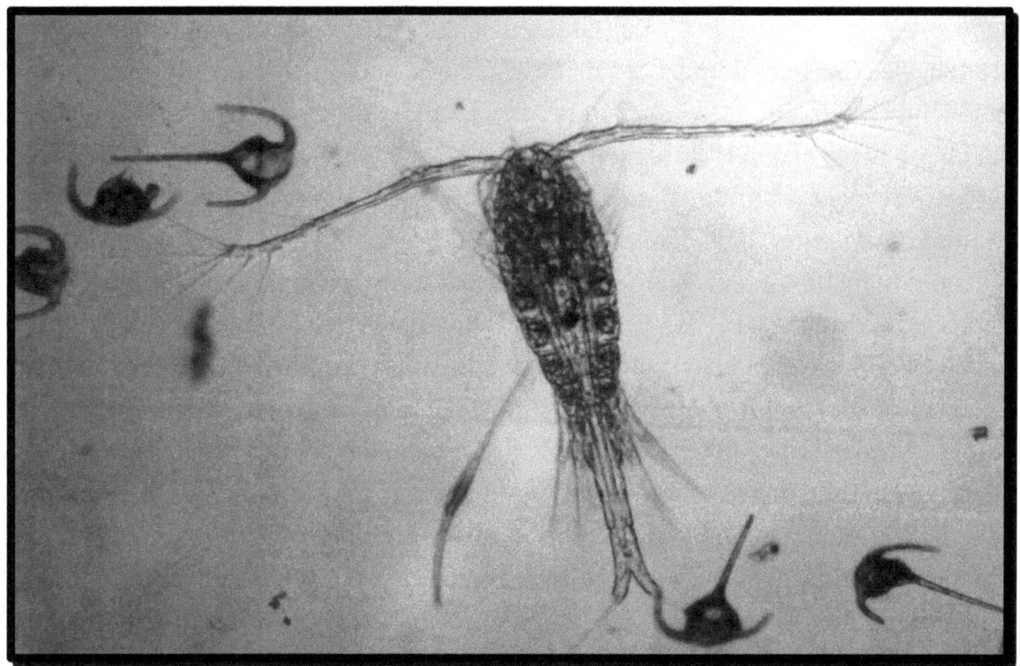

Ruderfußkrebs, *Calanus finmarchicus*, eine häufige Art des Nordatlantiks. Die Copepoden dieser Gattung können bis zu 10 Millimeter Länge erreichen.

Dieser Ruderfußkrebs ist ein sehr wichtiges Fischnährtier in der Planktonsäule des Nordatlantiks. Die Wassertemperatur beeinflusst seine vertikalen Wanderzyklen in der Wassersäule. Das heißt, dass die Entwicklung und das Wohlergehen unserer Fischbestände von diesen kleinen Krebstieren abhängig sind. Treten Störungen auf, können ganze Fischpopulationen kurzfristig abwandern oder zusammenbrechen… Häufig ist auch so, dass die Larven von Fischen oder kommerziell wichtigen anderen Krebstieren auf ganz bestimmte Beutetiere im Plankton spezialisiert sind. Das bedeutet, dass sie sich infolge einer Erwärmung des Milieus nicht einfach an anderem Futter orientieren können. Im schlimmsten Fall verhungern sie dann oder dezimieren sich nur noch gegenseitig, wie dieses etwa von den Larven des Europäischen Hummers bekannt ist.

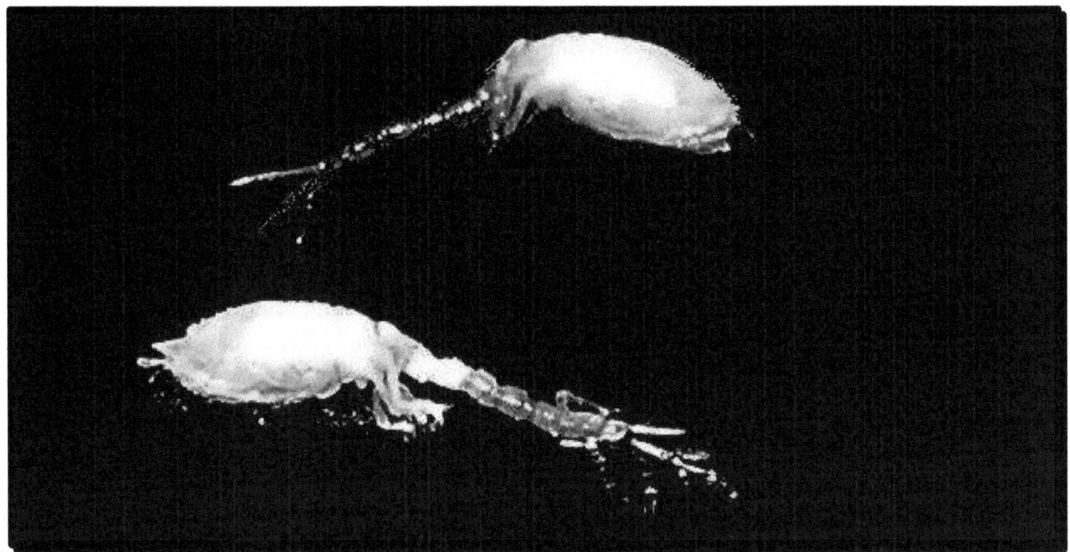

Rathkes` Schlammtrichterkrebs, *Diastylis rathkei* (Krøyer, 1841)

Schlammtrichterkrebse sind bereits etwas größer als die meisten Ruderfußkrebse und werden zum so genannten Macrobenthos gezählt. Das heißt, dass es sich bei ihnen um Kleinkrebse handelt, welche etwa einen Zentimeter Größe erreichen. Schlammtrichterkrebse leben am Meeresboden, wo sie sich von Detritus ernähren und Fraßrinnen im Schlamm hinterlassen. Nachts steigen sie dann in der Wassersäule auf in Richtung Oberfläche und werden so zu wichtigen Fischnährtieren. Im Kattegatt stellte man bereits Anfang der 2000er Jahre fest, dass ihre Bestände um 70% eingebrochen waren. Nun, Jahre später im Jahre 2020 hat man die Fangquoten für Heringe um 65% reduzieren müssen… Ob es da wohl einen Zusammenhang gibt? Zum gegenwärtigen Zeitpunkt ist es leider unklar, ob diese Tiere bereits zu Opfern des Klimawandels geworden sind, oder ob sie nur unter der Kontamination des Meeresbodens leiden. Möglicherweise trifft aber auch schlichtweg beides zu.

Zu dieser Zwischenklasse der Krebstiere gehören sowohl die **Seepocken**, als auch die etwas weniger bekannten **Entenmuscheln**. Dass es sich um Krebstiere handelt, kann man den adulten Tieren nicht mehr ansehen, dafür aber den Larven vor ihrer Metamorphose. Die Bewertung dieser Organismen als Klimaindikatoren ist schwierig, weil bereits in den 1940er Jahren durch die Schifffahrt des Zweiten Weltkrieges eine Verbringung von Seepocken aus anderen Teilen des Weltmeeres in die Nordsee erfolgte. Als bekanntestes Beispiel hierfür kann man die **Australische Seepocke *Austrominius modestus*** werten, die man bis heute in der Deutschen Bucht auffinden kann. Sie kam aus Australien als Folge von Truppentransporten nach Europa und hat sich hier erfolgreich dauerhaft etablieren können.

Die Entenmuscheln dagegen sind Kosmopoliten, die man in allen Weltmeeren antreffen kann. Sporadisch tauchen sie an bestimmten Plätzen in großen Ansammlungen auf und werden mit dem Treibgut, an welchem sie leben, durch die Meeresströmungen weltweit verbreitet. Daher kann man ihr Auftauchen in anderen Meeresteilen nicht als einen Beleg für eine Klimaänderung werten. Aber ihr vermehrtes Auftauchen in der Deutschen Bucht könnte ein Beleg für eine ungewöhnlich gute Vermehrung ihrer planktonischen Nährtiere infolge der Erwärmung des Nordseewassers sein.

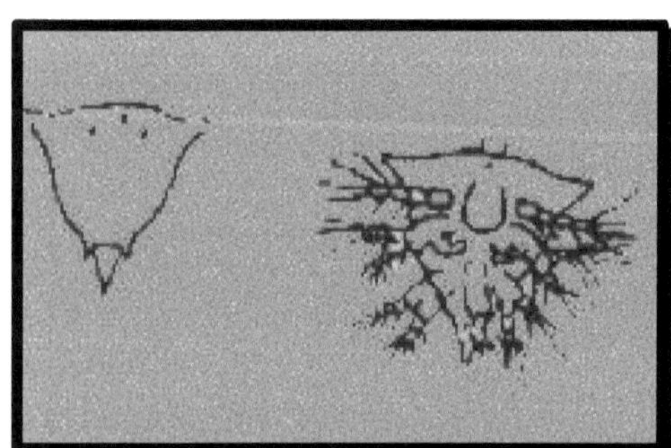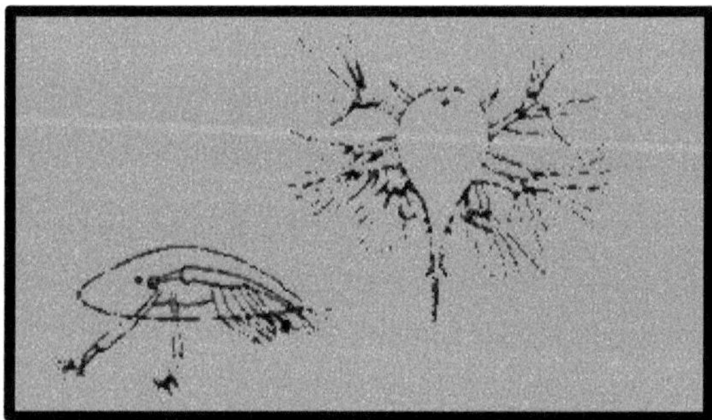

***Nauplius*-Larve der Seepocken und *Cirripedier*-Larve der Entenmuscheln.**

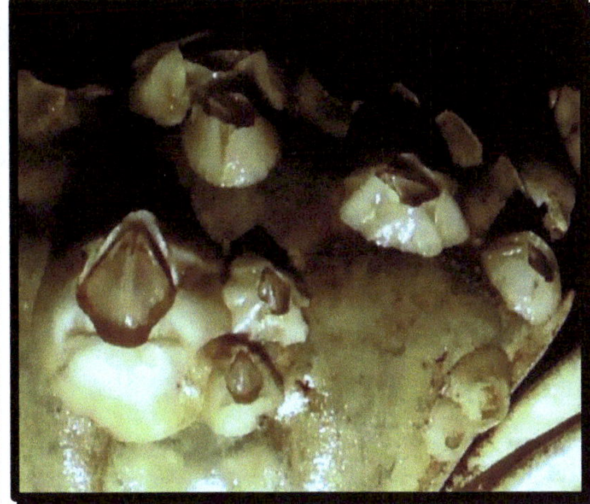

Entenmuschel *Lepas anatifera*, 40mm. Australische Seepocke, 12mm.

***Perforatus perforatus* und *Adna anglica*, ca.5mm.**

Diese beiden Seepocken - Arten sind ein Novum in der südlichen Nordsee, welche ich im Januar 2020 erstmalig auf Plastik auffinden konnte. Bis dahin kannte man diese Arten nur von den britischen Küsten. Darüber hinaus sei zu der Art **Adna anglica** angemerkt, dass man sie gewöhnlich assoziiert zu der **Becherkoralle Caryophyllia smithii** antreffen kann. Insofern lohnt es sich immer, Ansammlungen von Seepocken an Treibgut etwas sorgfältiger unter die Lupe zu nehmen, denn so lassen sich mit etwas Glück auch die bei uns seltenen Becherkorallen auffinden. Wegen ihrer Kegelform werden diese beiden Seepockenarten manchmal auch als Vulkan-Seepocken bezeichnet. Ein weiteres charakteristisches Merkmal ist die zarte lilafarbene Tönung dieser Arten.

Diese Krebstiere kennt man aus allen Weltmeeren und darüber hinaus auch aus Brack- und Süßwasserhabitaten. Manche Arten wurden durch den Menschen weltweit verbreitet, während andere einfach nur dem warmen Golfstrom Richtung Norden folgen. Deshalb sind einige dieser Arten sehr gute Indikatoren für Änderungen des Klimas in jüngerer Zeit. Allen Zehnfußkrebsen ist es ein gemeinsames Merkmal, dass sie stets zehn paarig angeordnete Beine besitzen, sofern man die Scherenbeine mitzählt.

Chamäleon-Garnele, *Hippolyte varians* (Leach, 1814)

Dieses Exemplar der **Chamäleon-Garnele** wurde 2016 im Hafen der Insel Borkum aufgefunden. Seegrasgarnelen kennt man eigentlich eher aus dem Mittelmeer oder der Irischen See. Sie kommen sonst regulär bis zur niederländischen Küste vor. Ihr Verbreitungsgebiet ist vergleichbar mit dem des **Zwergeinsiedlers *Diogenes pugilator***. Alles, was sie benötigen, sind geeignete Meeresalgen, harte Substrate oder Seegrasbestände. Und etwas Wärme! Die beiden Fotos oben zeigen ein und dasselbe Exemplar. Sie passen sich dem jeweiligen Untergrund an und können sich beliebig umfärben oder sogar völlig transparent werden. Wegen ihrer Kleinheit fallen sie kaum weiter auf. Deswegen wäre es auch denkbar, dass sie in den letzten Jahren schon häufiger in unseren Gewässern waren, aber hier noch niemandem aufgefallen sind. Außerdem sind sie so filigran, dass sie einem Krabbenkutter sehr wahrscheinlich fast immer durch die Maschen der Netze schlüpfen können. Man kann sie aber auch als eine sehr kleine dezente Warnung von Mutter Natur an die Adresse von uns Menschen verstehen, unser klimaschädliches Verhalten zu ändern.

Die **Prozessa-Garnele** ist eine kleine und unauffällige Art, welche etwa ab 2014 vereinzelt bei uns gefunden werden konnte. Sie ist zwar weit verbreitet vom Ärmelkanal bis nach Norwegen, wurde aber bisher bei uns kaum aufgefunden. Ab Herbst 2018 und ab Herbst 2019 fanden sich kontinuierlich mehr Exemplare im Beifang unserer Krabbenfischer, wobei es im Oktober 2019 etwa zehnmal so viele waren wie im Vorjahr. Mit Längen von etwa 30 Millimetern waren sie jedoch deutlich hinter den Größen zurück, welche sie in wärmeren Meeresteilen erreichen können. Das ist auch der Grund, warum sie nicht mit den Sandgarnelen zusammen in die Kochtöpfe der Fischer gelangen. Sie werden wegen ihrer Kleinheit vorher einfach ausgesiebt. Sonst hätte man sie meines Erachtens schon in den Vorjahren als Beifang auffinden können. Erst als ich mir die Mühe machte, ausgesiebte Garnelen von einem Kutter zu untersuchen, fielen mir diese meist leicht rötlichen Garnelen ins Auge. Das bloße Auftauchen dieser Art belegt zwar nicht direkt den Klimawandel in der südlichen Nordsee, aber es belegt, dass sich hier irgendetwas zu Gunsten dieser Art verändert haben muss. Denn sonst würden sich die Jungtiere dieser seltsamen Garnele wohl kaum in nennenswerter Anzahl in unseren Breiten entwickeln können.

Die **Braune Felsengarnele, *Palaemon macrodactylus*** kam ursprünglich aus Korea und Japan in unsere Gewässer. Ihr Körper ist transparent bis beigefarben und bräunlich gefärbt und weist in der Mitte einen charakteristischen Rückenstrich auf. Die Art wurde sehr wahrscheinlich in Larvenform im Ballastwasser von Schiffen aus Übersee über den Frachthafen von Rotterdam in unsere Gewässer eingeschleppt. Allerdings scheint sie eher Brackwasser mit etwas niedrigeren Salzgehalten zu bevorzugen, denn man findet sie vor allem in Ästuarien und Häfen. Bemerkenswert ist es, dass sie sich offensichtlich unserem Klima angepasst hat und deshalb auch bei uns zur Fortpflanzung schreitet. An manchen Plätzen kann sie saisonal einheimische Felsengarnelen zurückdrängen und ein Habitat als Art dominieren. Die Tatsache, dass sich diese Art inzwischen regulär in unseren Häfen vermehrt, kann man sowohl für einen Beleg für die Adaptionsfähigkeit dieser Art an neue Wasserverhältnisse, als auch für die Erwärmung der Nordsee insgesamt werten. Denn sonst würden Arten wie diese im kalten Winter absterben.

Autochthone Felsengarnelen der Gattung *Palaemon*

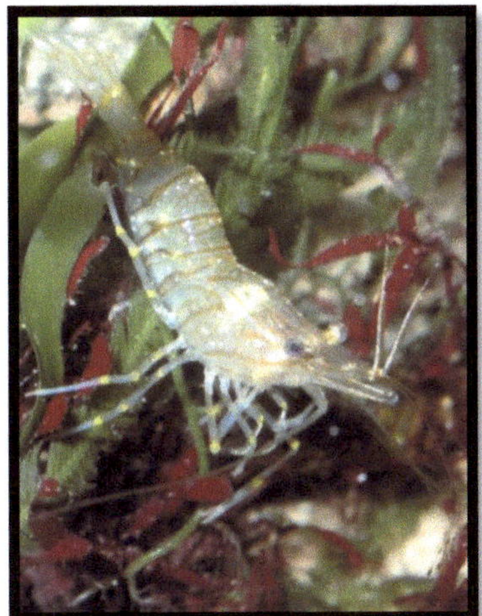

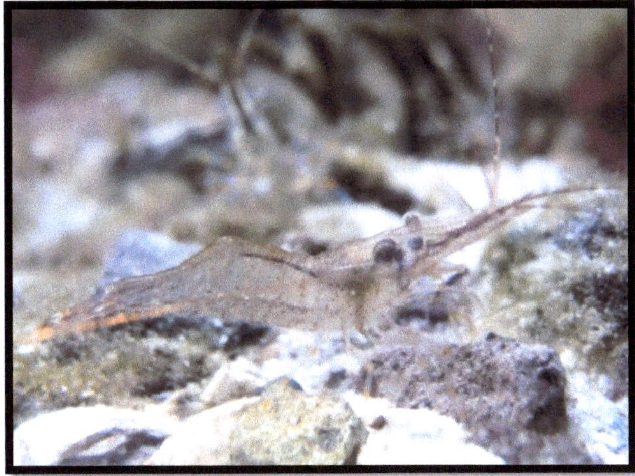

Kleine Felsengarnele, *Palaemon elegans* & Ostseegarnele, *Palaemon adspersus.*

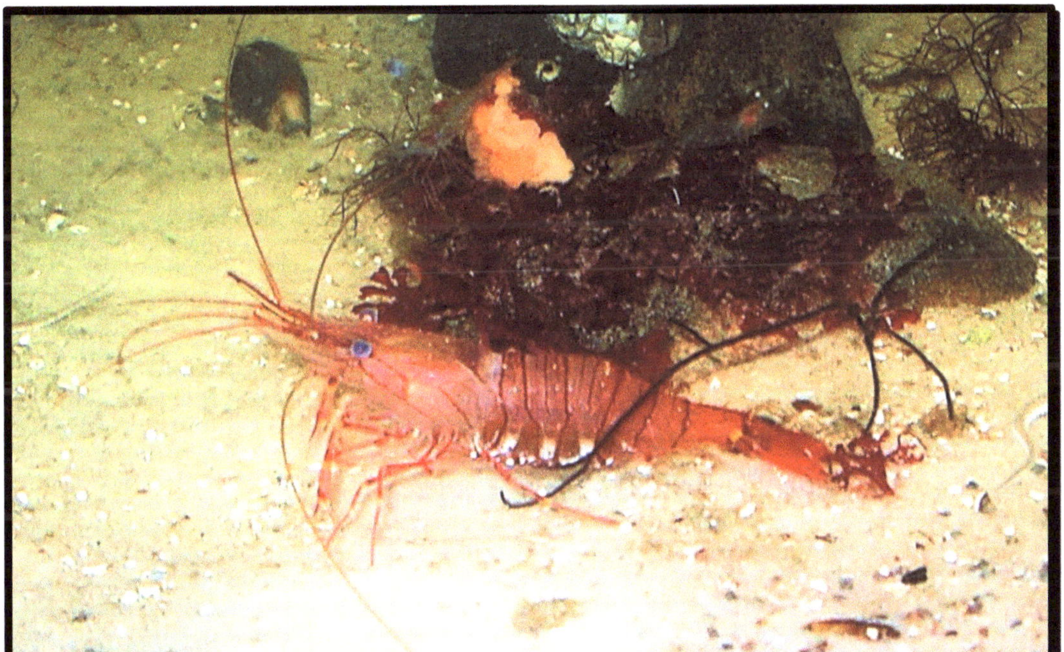

Große Felsengarnele, *Palaemon serratus.*

Die **Kleine Felsengarnele** ist eine sehr häufige Garnele, die man an Nord- und Ostsee, wie auch im Mittelmeer findet. Wahrscheinlich wurde sie durch Schiffe, in deren Ballastwasser ihre Larven mitreisen, schon um den halben Globus verbreitet. Diese Tiere werden etwa 6 Zentimeter lang und sitzen vorzugsweise auf Spundwänden, an Steinen, in Sielen, in der Nähe von Schleusen und an den Hafenmolen. Sie sind kleine flinke Allesfresser. Die Weibchen erkennt man ab einer Größe von etwa 4 Zentimetern an den größeren Bauchschildern des Abdomens, die Männchen an den kleineren Segmenten. Die Weibchen setzen freischwimmende Zoëa-Larven ab, die sich nach einer planktonischen Phase von etwa 3 Wochen in fertige kleine Garnelen umwandeln. Die Scherenbeine dieser Art sind blau-gelb geringelt, und der bewegliche Scherenfinger sitzt unten an der Schere, und nicht oben, wie bei den meisten anderen Krebstieren. Wenn das Wasser besonders warm ist, bekommen sie kleine gelbe Pünktchen, die den gesamten Körper bedecken. Inzwischen wurden auch neue Arten der **Gattung Palaemon**, wie etwa die **Braune Felsengarnele *Palaemon macrodactylus***, durch Schiffe nach Europa eingeschleppt. Da diese Arten sich allesamt sehr ähnlichsehen, bleiben für eine exakte Artbestimmung nur die Rostraldornenzählung, die Vermessung von Körperproportionen oder eine molekulargenetische Untersuchung übrig. Die „**Ostseegarnele**" *Palaemon adspersus* ist weit verbreitet, denn man findet sie regulär im Schwarzen Meer, dem Mittelmeer, der südlichen Nordsee, um die britischen Inseln herum, in der Ostsee und im Norden bis nach Norwegen. Darüber hinaus kennt man sie inzwischen auch von den Küsten Indiens, und vermutlich hat sie inzwischen Dank der internationalen Schifffahrt diverse weitere Teile des Weltmeeres für sich als Habitat erschlossen. Sie weist auf dem Rostrum oben zwei bis sechs Rostraldornen auf, während es unten nur zwei bis vier Zähnchen sind. Wie auch einige andere Arten dieser Gattung hat auch sie die typischerweise blau-gelb geringelten Beinchen und Scherenbeine. Ihre Körperfärbung kann dagegen sehr variabel sein, denn man findet standort- und jahreszeitenabhängig einfarbig bräunlich oder beigefarbene Tiere, wie auch leuchtend gelbe oder sogar leicht orangestichige Exemplare. Diese Färbungen erzeugt sie mit den in ihrer Haut sitzenden Pigmentzellen, den ***Chromatophoren.*** Die Ostseegarnele toleriert auch geringe Salzgehalte und höhere Temperaturen, weshalb sie in einem Aquarium einfach zu halten ist. Die **Große Felsengarnele** *Palaemon serratus* ist sehr weit verbreitet und kann von England und Dänemark im Norden bis zur mauretanischen Küste im Süden, im gesamten Mittelmeer und bei den Azoren angetroffen werden. Sie kann Endgrößen von 11 Zentimetern und mehr erreichen. Junge Exemplare kann man optisch nur sehr schwer von der **Kleinen Felsengarnele** *Palaemon elegans* unterscheiden, weshalb man bei kleineren Tieren die Rostraldornen zählen müsste. Die Große Felsengarnele kommt vorzugsweise auf felsigen Substraten vor, weshalb man sie im Watt nicht antrifft. Sie wird aber gelegentlich von Kuttern gefangen. Allerdings werden in deutschen Gewässern eher Einzeltiere angelandet, so dass sich eine kommerzielle Nutzung nicht lohnt. Am Mittelmeer, in Portugal und in der Bretagne wird diese Garnele auch als Speisegarnele genutzt, da hier regelmäßig größere Mengen gefangen werden können. Diese Garnele soll zu den nachtaktiven Arten gehören und hat eine ähnliche Lebensweise wie die Kleine Felsengarnele. Sie ist im Aquarium genauso gut haltbar, benötigt jedoch etwas kälteres Wasser, welches dauerhaft möglichst nicht wärmer wird als 18°Celsius. Das hier abgebildete 100 Millimeter lange Weibchen wurde von einem Kutter gefangen und hatte leuchtend rote Querbänder und blaue Augen. Möglicherweise ist dies eine Adaption an die roten Felsen von Helgoland, da der Kutter in der Nähe dieser Insel gefischt hatte. Abschließend sei zu unseren heimischen Felsengarnelen angemerkt, dass die **Kleine Felsengarnele** und die **Ostseegarnele** von einer Erwärmung des Nordseewassers eher profitieren dürften, da sich in einem wärmeren umgebenden Milieu ihre Larven bei einem gesteigerten Angebot an Phyto-Plankton schneller entwickeln könnten als bisher. Es könnte geschehen, dass sie pro Jahr mehrere neue Generationen an Jungtieren produzieren. Schon jetzt kann man feststellen, dass ihre Präsenz an den Spundwänden der kleinen Häfen mit steigenden Wassertemperaturen einhergeht. Allerdings gibt es hierbei auch eine Obergrenze von geschätzten 20° Celsius, ab der sie sich in kühlere tiefere Wasserschichten zurückziehen. Für die **Große Felsengarnele** kann man dagegen feststellen, dass adulte Exemplare Temperaturen jenseits der 18° Celsius-Marke nicht lange tolerieren. Auf der anderen Seite dürften aber ihre Larven durchaus von einem höheren Planktonangebot profitieren. Somit ist damit zu rechnen, dass uns diese Art in etwas tieferen und sauerstoffreichen Arealen künftig erhalten bleibt. Vor allem in der Nähe der Offshore-Windkraft-Anlagen wie etwa am Borkumer Riffgatt.

Die **Äsopgarnele** ist ein Beleg dafür, dass ein bloße rötlich-bunte Färbung noch lange kein Beleg für eine subtropische Tierart sein muss. Vielmehr ist das Gegenteil richtig. Denn es handelt sich hier um eine Garnele des arktischen Faunenkreises, und jenseits der 14° Celsius-Marke lebt diese Art ab. Wird es dauerhaft zu warm, wird sie daher ganz einfach aus der südlichen Nordsee „verschwinden". Noch wird diese Art in der kalten Jahreszeit regelmäßig von unseren Fischern als Beifang mitgefangen. Daraus kann man dann entweder Rückschlüsse darauf ziehen, in welcher Tiefe gefischt wurde, oder ob der Winter naht. Werden sie im Flachwasser nicht mehr gefangen, dann naht der Sommer. Und wird diese Art eines warmen Tages in der südlichen Nordsee gar nicht mehr aufgefunden, dann belegt das, dass alle Klimaschutzbemühungen der Menschheit als gescheitert betrachtet werden müssen. Deshalb sollte insbesondere diese Art einem ständigen Monitoring und einer Überwachung ihrer Fundorte unterzogen werden.

Die **Strandkrabbe** ist die häufigste Krabbe des deutschen Wattenmeeres und der Ostseeküste. Männchen können eine Panzerbreite von bis zu 8 Zentimetern erreichen, die Weibchen bleiben etwas kleiner. Man kann sie bei Ebbe in Gezeitentümpeln oder unter Steinen finden, wo manchmal ganze Krabbennester von bis zu 100 Exemplaren hocken und auf die Flut warten. Extreme wie Salzdichteschwankungen, Hitze und Kälte vertragen sie problemlos. Wenn sie während der Ebbe keine Deckung unter Steinen fanden, verstecken sie sich einfach im Sand eingegraben. Strandkrabben sind räuberisch und fressen, was sie finden oder überwältigen können. Daher kann man diese Lebensweise auch als opportun bezeichnen. Die Strandkrabbe nimmt einerseits die Rolle der Gesundheitspolizei im Wattenmeer ein, stellt aber andererseits selbst eine wichtige Futterquelle für Seevögel und bestimmte Fischarten dar. Im Winter wandern vor die Strandkrabben in tieferes Wasser ab, da ihnen das Watt zu kalt wird. Erst im Frühjahr tauchen die größeren Strandkrabben wieder in größerer Zahl im Watt auf. Inzwischen wurde die Strandkrabbe mit Schiffen bereits weltweit verbreitet, so dass man sie jetzt etwa auch im Hafen von San Francisco finden kann, wo sie größer als in der Nordsee wird und Panzerbreiten von bis zu 10 Zentimetern erreicht. Die Strandkrabbe ist somit ein Profiteur von Globalisierung und Klimawandel und dürfte sich daher auch trotz der Einschleppung anderer Krabbenarten in der Zukunft im Wattenmeer behaupten. Zurzeit ist es jedoch unklar, ob die Strandkrabbe als reinrassige Art weiter existiert, oder ob es in der Zukunft nur noch Hybride aus Strandkrabbe und Mittelmeer-Strandkrabbe geben wird, da die beiden Arten sich miteinander paaren.

Diese Art gehört zur gleichen Familie und Gattung wie unsere einheimische Strandkrabbe, welche an der Küste gemeinhin als „Dwarslöper" bezeichnet wird. Sie wurde aus dem Südatlantik und dem Mittelmeer in unsere Gewässer verschleppt. Die **Mittelmeer-Strandkrabbe** hat keine Rostraldornen zwischen den Augen. Außerdem sind die Begattungsorgane der Männchen gerade und parallel angeordnet, während sie beim einheimischen „Dwarslöper" gebogen sind. Sie vermischt sich jedoch mit unserer einheimischen Strandkrabbe, so dass man inzwischen nicht mehr so genau weiß, welche Art man vor sich hat. Denn manche Exemplare weisen Merkmale beider Arten auf. Ob diese Mischlinge sich weiter vermehren können, ist sehr wahrscheinlich, aber noch nicht eindeutig geklärt. Das hier gezeigte Exemplar wurde 2008 in Wilhelmshaven gesammelt. Da man die Mittelmeer-Strandkrabbe in den 1970er und 1980er Jahren noch nicht aus der Nordsee kannte, kann man sie als Beleg für den Klimawandel werten.

Diese Art kam während des Hitzesommers im Jahre 2018 erstmalig in unsere
Gewässer, wo ein Krabbenfischer sie vor der Insel Juist einsammelte. Bis dahin
waren Funde dieser Krabbe von unseren Küsten gänzlich unbekannt, denn man
kannte diese Art nur aus dem Südostatlantik, dem Mittelmeer und dem Ärmelkanal
als dem nördlichsten Ausläufer ihres Vorkommens. Der Sommer 2018 verlief
extrem trocken und heiß, und die Oberflächentemperatur in der südlichen Nordsee
betrug etwa 22° Celsius. Während sich der Rhein bei niedrigem Pegelstand
stellenweise auf bis zu 28° Celsius erwärmt hatte und in der südlichen Ostsee sogar
Wassertemperaturen von bis zu 25° Celsius aufgetreten waren. Diese Krabbe ähnelt
auf den ersten Blick einer Schwimmkrabbe, doch fehlen ihr die typischen platten
Schwimmfüße. Deshalb gehört sie auch zur gleichen Familie wie die Strandkrabbe
und die Mittelmeer-Strandkrabbe. Sie ist ein absolutes Novum in der Deutschen
Bucht und damit auch ein guter und objektiver Beleg für die Folgen des
Klimawandels in unseren Küstengewässern. Der Äon der Xaiva hat begonnen…

Die **Linaresi-Gespensterkrabbe** erreicht eine Länge von etwa 20 Millimetern
ohne Beine. Diese Art wurde erst 1964 als eigene Art erkannt. In den letzten Jahren
wurde sie von unseren Fischern teilweise häufig gefangen. Und zwar meistens auf
Plastikmüll oder den Resten von Netzen oder Nylonfäden. Sie ist sonst eigentlich
besonders bekannt aus dem Mittelmeer und aus nordafrikanischen Gewässern…
Daher liegt es auf der Hand, dass diese Art infolge gestiegener Temperaturen neue
Lebensräume im Norden erfolgreich für sich erobern konnte, und sich hier bereits
etabliert hat. Man kann sie bei Zimmertemperatur in einem ungeheizten Aquarium
sehr gut halten.

Diese Art aus der großen Superfamilie der Seespinnen kennt man vor allem aus dem Ärmelkanal und von den Kanarischen Inseln, wo sie auch in großer Zahl kommerziell gefischt wird. Seit Anfang der 2000er Jahre kennt man sie auch von gelegentlichen Fängen von Helgoland… (Sie wurde auch schon oft mit der **Großen Seespinne** des Mittelmeeres, ***Maja squinado***, verwechselt.) Mit der steigenden Temperatur in der südlichen Nordsee wäre es nicht verwunderlich, wenn man sie künftig häufiger als bisher auffindet. Und zwar assoziiert zu den neuen großen Offshore-Anlagen für Windenergie und auf den großen Müllbergen auf dem Meeresgrund sitzend. Sollten dann auch kleine Jungtiere dieser Art aufgefunden werden, bedeutet das, dass sich die Art etabliert hat und auch in unseren Gewässern zur Vermehrung schreitet.

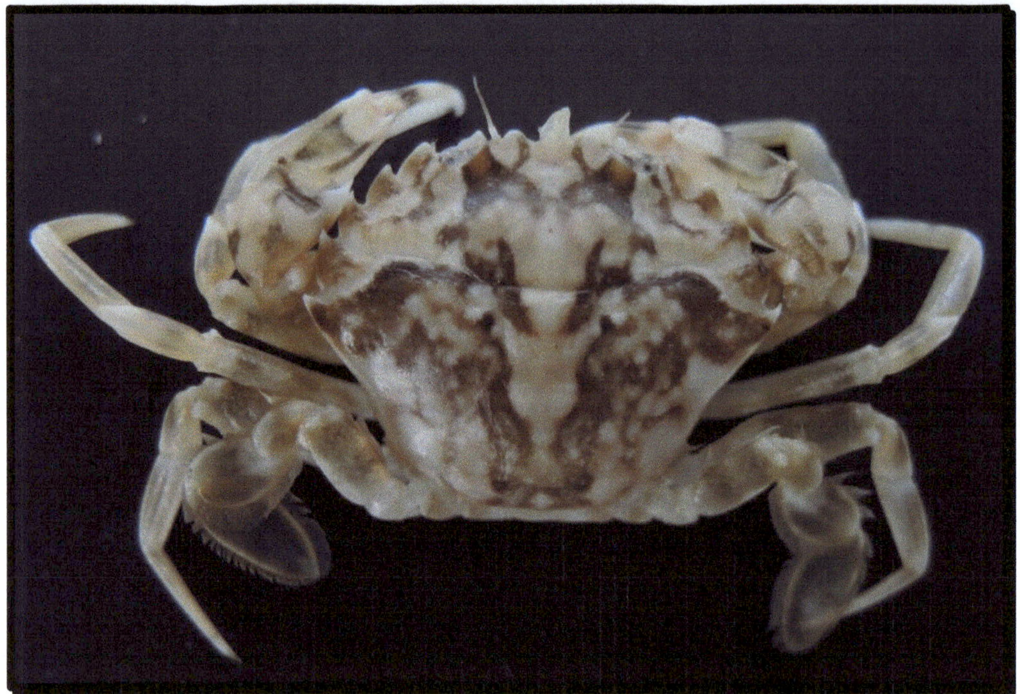

Auch die nur etwa 2 bis 3 Zentimeter große **Marmor-Schwimmkrabbe** kannte man bisher eher aus dem Ärmelkanal und aus britischen Gewässern. Nun taucht sie gelegentlich auch bei uns auf. Man kann sie in einem Seeaquarium mit ausreichender Wasserumwälzung problemlos bei Zimmertemperatur halten. Auch ohne eine Kühlanlage betreiben zu müssen! Besonders charakteristisch für diese Art sind ihre dezent marmorierten Muster auf ihrem Panzer, welche besonders auf Kies- und Geröllboden eine hervorragende Tarnung darstellen. Darüber hinaus ist die Form ihrer Scherenbeine arttypisch. Solche Schwimmkrabben kann man manchmal auch als gekochten Beifang zwischen **Sandgarnelen** der Art *Crangon crangon* auffinden. Allerdings sehen die Muster auf dem Körper dann nicht mehr bräunlich, sondern rötlich aus.

Die **Navigatorkrabbe** ist seit einigen Jahren immer wieder im Beifang der
Krabbenfischer aufzufinden. Oft taucht sie dabei bereits zu Beginn der Saison im
März oder April in unseren Gewässern auf. Diese kleine Schwimmkrabbe ist meist
nur zwei bis drei Zentimeter groß und kann daher schnell übersehen werden.
Besonders typisch für diese Art sind die fehlenden Rostraldornen zwischen den
Augen, weshalb man hier auch von einem glatten Rostrum sprechen kann. Ihre
Körperfärbung ist auch weiß-bräunlich marmoriert, weshalb man sie auf den ersten
Blick auch mit der **Marmor-Schwimmkrabbe** verwechseln kann. Letztere hat
jedoch mehrere Dornen auf dem Rostrum zwischen den Augen.
Die Navigatorkrabbe ist inzwischen sehr weit verbreitet und man kannte sie früher
vor allem von afrikanischen Küsten und auch aus dem Mittelmeer. Infolge des
Schiffsverkehrs scheint sie mittlerweile schon ein Kosmopolit geworden zu sein.

Die **Samtkrabbe** kann recht beachtliche Größen erreichen und eine Beinspannweite von deutlich mehr als 10 Zentimetern entwickeln. Früher wanderte diese Art als adulte Krabbe während des Sommers aus dem Ärmelkanal vorübergehend in unsere Gewässer ein, jetzt scheint sie hier zu bleiben und auch zu überwintern. Denn im Frühjahr 2020 brachten die norddeicher Kutter erstmals nicht nur adulte Samtkrabben mit, sondern auch Jungtiere von nur 2 bis etwa 4 Zentimetern Größe. Die Samtkrabbe hat auf dem ganzen Körper feine Borsten, die sich tatsächlich wie Samt anfühlen. Ein weiteres typisches Merkmal dieser Art sind die roten Augen. Die Samtkrabbe wird etwa in Spanien kommerziell als Speisekrebs gezüchtet. Sie lebt auch an den Offshore-Windkraftanlagen beim Borkumer Riffgatt und wandert von dort Richtung Norden weiter, wo sie sich dann gemütlich auf den Müllbergen aus Plastikmüll und Netzresten niederlässt, um dort jagd auf die unglückseligen Kleintiere zu machen, welche sich hier regelmäßig im Müll verheddern…

Bereits im Jahr 2003 konnte ich diese Krabbe bei einem Osterurlaub auf Baltrum
nach einer Sturmflut als kleinen gestrandeten Schwarm am Badestrand
aufsammeln. 2014 tauchte diese Krabbe dann ebenfalls im April in großen Scharen
bei uns auf. Man konnte sie später im Sommer auf Norderney sogar im Uferbereich
fangen. Sie kommt aus Nordwestafrika in die südliche Nordsee, um sich hier
fortzupflanzen. In warmen Jahren findet man sie lokal sehr häufig. Ist es jedoch zu
kalt, bleibt sie ganz weg. Daher kann man an solchen Arten gut erkennen, wie es
gerade um das lokale Klima in der Nordsee bestellt ist, und wie der Sommer sich
entwickeln wird. Diese Art muss aufgrund ihrer ursprünglichen Verbreitung und
Herkunft aus Nordwestafrika als zuverlässiger Klimaindikator verstanden werden.

Der **Gestreifte Furchenkrebs** ist eine sehr weit verbreitete Art, denn man findet ihn sowohl im Mittelmeer, als auch im Nordatlantik. Dabei sind einige Exemplare offensichtlich sogar durch den Suez-Kanal bis in Rote Meer gelangt. In Europa sind Exemplare dieser Art bisher von den Küsten Belgiens, Norwegens, Schwedens, Irlands und der Inseln Großbritanniens belegt worden. Aus der Deutschen Bucht kennt man sie vor allem von der Insel Helgoland. Außerdem ist die Art auch von den Azoren und Kanaren bekannt. Aufgrund dieses Verbreitungsgebietes scheint es sich nicht um eine besonders kälteliebende Art zu handeln. Arten wie diese profitieren von zwei Phänomenen. Denn zum einen bewirkt die Erwärmung des Nordseewassers ein immer weiteres Vordringen nach Norden. Zum anderen aber finden solche Arten in zunehmendem Maße Halt an den Pfeilern der Offshore-Windkraft-Anlagen. Sowie an den „Müllriffen" auf den Meeresböden der Nordsee, wo sie sonst auf sandigen Substraten keinen Halt gefunden hätten. Auch diese Art ist im Aquarium bei Zimmertemperatur gut haltbar und verhält sich friedlich und nicht aggressiv gegenüber anderen Tieren. Daher handelt es sich um ideale und farbenfrohe Aquarientiere – so man sie denn beschaffen kann. Darüber hinaus sind sie auch lange und ausdauernd haltbar. Der Gestreifte Furchenkrebs liebt es, sich in der Strömung zu positionieren, um auf kleine Nahrungspartikel zu lauern. Das rechts oben abgebildete Exemplar sitzt in der Nähe der Aquarienpumpe und wartet auf herantreibende Futterreste. Bisher wurden solche Krebse nur sehr selten von unseren Krabbenfischern gefangen. Dieses könnte sich jedoch schon sehr bald ändern…

Der **Zwergeinsiedler** ist regulär vom Mittelmeer bis zur niederländischen Küste bekannt. Er erreicht eine Carapaxläne von etwa einem Zentimeter und bewohnt deshalb nur Schneckengehäuse bis zur Größe eines Strandschneckengehäuses. Ich war sehr überrascht, als ich im August 2008 von einem Krabbenkutter in Neuharlingersiel einen kleinen, mir von unseren Küsten bis dahin unbekannten Einsiedlerkrebs erhielt. Erstmalig hatte ich mit diesen Tieren durch Muschelsendungen aus dem Mittelmeer Bekanntschaft gemacht, und auch bei meinen Mittelmeerurlauben hatte ich hin und wieder diesen Einsiedlerkrebs gefunden. Doch scheint diese Art nun aufgrund der Erwärmung des Nordseewassers immer weiter Richtung Norden vorzudringen. Auf Norderney und auf Baltrum kann der Zwergeinsiedler im Sommer bereits regulär im Watt angetroffen werden. Und seit den warmen Wintern ab dem Jahr 2015 wurde diese Art bereits im März(!) von den Kuttern vor den Inseln Juist und Norderney als Beifang miteingesammelt. Der Vollständigkeit halber sei hier angemerkt, dass man diese Tiere oft zwischen Nylonbündeln, Müll und Netzresten auffinden kann. Sie graben sich auch gerne neben den Sandgarnelen im Sand ein, weshalb sie immer wieder in den Beifang der Fischer gelangen. Bei Zimmertemperatur sind sie ausgezeichnet haltbar.

Der **Gemeine Einsiedlerkrebs** lebt in Schneckenhäusern, um seinen weichen Hinterleib gegen Fressfeinde zu schützen. Einsiedler können eine Körperlänge von etwa 10 Zentimetern erreichen. Manchmal kann man bei Ebbe in den Prielen und Pfützen im Watt große Mengen kleiner Einsiedlerkrebse finden, die nur etwa einen Zentimeter groß sind und in den Gehäusen von Strandschnecken leben. Im Watt der Inseln kann man mit etwas Glück auch etwas größere Einsiedler finden, die dann bereits die Gehäuse von Nabel- oder Wellhornschnecken mit sich herumtragen. Einsiedlerkrebse häuten sich wie andere Krebse, haben aber ein besonderes Problem: Weil ihr Schneckenhaus nicht mitwächst, müssen sie in ein größeres umziehen. Da größere Gehäuse in Ufernähe nicht verfügbar sind, findet man größere Einsiedlerkrebse meistens unterhalb der Gezeitenmarke. Juvenile Einsiedler sind vor allem von April bis September in Küstennähe zu finden; im Winter ziehen sie in tieferes Wasser. Einsiedler lassen sich einzeln gut im Aquarium halten und benötigen bereits nach einem Jahr mindestens ein mittelgroßes Wellhornschneckengehäuse. Einsiedlerkrebse verlassen ihre Schneckengehäuse freiwillig nur dann, wenn sie an Sauerstoffmangel leiden, oder wenn sie umziehen müssen. Kurzfristig ertragen sie im Sommer auch höhere Wassertemperaturen, wenn sie während der Ebbe in Gezeitentümpeln sitzen. Lang- und mittelfristig brauchen sie jedoch immer wieder kaltes und sauerstoffreiches Wasser, um überleben zu können. Von einer allgemeinen Erwärmung des Nordseewassers werden sie sehr wahrscheinlich profitieren, solange es unter diesen Bedingungen noch Schneckenarten gibt, deren Gehäuse sie nutzen können.

Seit dem Beginn der 2000er Jahre findet man mindestens zwei neu eingeschleppte Arten dieser Krustentierfamilie in der Deutschen Bucht. Inzwischen haben sie auch schon die Küsten Schleswig-Holsteins für sich als neues Habitat erobert. Ursprünglich wurden sie durch Schiffe aus Japan und Korea in den Frachthafen von Rotterdam verbracht, von wo aus sie dann ihren Siegeszug nach Nordeuropa fortsetzten. Zur erfolgreichen Vermehrung scheinen sie eher Brack- als Seewasser zu benötigen, doch stellt dieses aufgrund unserer topographischen Gegebenheiten für diese Arten offensichtlich kein Problem dar. Will man sie an einer Lokalität nachweisen genügt es meist, ein paar lose Steine der Uferbefestigung umzudrehen. Hier sitzen sie dann manchmal in großen Scharen oder auch vereinzelt, um auf die nächste Flut zu warten. Sie sind wie fast alle Krabben der Litoralzone genügsame Allesfresser, welche jedoch eine besondere Vorliebe für bestimmte Algenarten haben. Untereinander sind sie sehr friedlich und zeigen ein positives Sozialverhalten, was ein Grund für ihren Verbreitungserfolg sein dürfte. Darüber hinaus dürften sie auch von der Meereserwärmung profitieren, da wärmeres Wasser bis zu einem gewissen Grad auch mehr Planktonnahrung für ihre Larven bedeutet. Ob sie unsere einheimischen Krabbenarten verdrängen ist zurzeit noch unklar. Fakt ist aber, dass sie sich mit diesen das Habitat teilen. Und oft kann man sie inzwischen gemeinsam unter ein und demselben Stein auffinden…

Japanische Uferkrabbe,
Hemigrapsus penicillatus
Ca. 30 Millimeter breit

Pazifische Uferkrabbe,
Hemigrapsus sanguineus
Ca. 40 Millimeter breit

Die **Nordische Seespinne** kann eine Beinspannweite von etwa 30 Zentimetern erreichen. Man findet sie auf strukturreichen Hartsubstraten mit Algenbewuchs ab etwa 10 Metern Tiefe. Im Gegensatz zu anderen Krabben, die vor Feinden schnell flüchten, hat die Seespinne eine andere Strategie entwickelt. Sie tarnt sich mit Algen, Schwämmen und Hydroidpolypen, welche sie auf dem Meeresgrund findet. Manchmal verwenden sie sogar kleine nesselnde Aktinien. Dieses Material heftet sie mit Hilfe von Körpersekreten auf ihrem Panzer an. Damit täuscht die Seespinne ihre Feinde. Außerdem bewegt sie sich sehr langsam, so dass sie nicht weiter auffällt. Nach der winterlichen Kältephase paaren sich die Seespinnen bei einer Temperatur von 10°Celsius. Bei der *Copula* (rechts oben) sitzen sich beide Partner gegenüber in der Vertikalen und krallen sich ineinander. Der Geschlechtsakt kann einige Stunden andauern, bevor sich die Partner von einander lösen. Einige Tage später stößt das Weibchen dann die Eier in seine unter dem Körper gelegene Bruttasche aus, wo sie vom Spermavorrat des Männchens befruchtet werden. Die Nordische Seespinne gehört eindeutig dem borealen Faunenkreis an und kann sich nicht an höhere Temperaturen anpassen. Seit dem Jahr 2014 wird sie nur noch sehr selten von den Krabbenfischern als Beifang mitgefangen. Wahrscheinlich wird sie in der südlichen Nordsee bald ausgestorben sein…

Der **Taschenkrebs** oder „**Knieper**" kann bis zu 30 Zentimeter Breite ohne Beine erreichen. Er ist damit die größte und schwerste Krabbenart des deutschen Wattenmeeres. Taschenkrebse sind arge Räuber, die alles fressen, was nicht vor ihnen fliehen kann. Da sie nicht besonders schnell sind, sind insbesondere Muscheln und Schnecken ideale Beutetiere. Dazu bieten die Gespinste der Miesmuscheln den juvenilen Taschenkrebsen ideale Deckungsmöglichkeiten. Umgekehrt tragen adulte Taschenkrebse manchmal kommensalisch lebende Seeanemonen und andere Aufsitzerorganismen auf ihrem Panzer mit sich herum, die von der Mobilität und den feinen Futterresten des Krebses profitieren. Taschenkrebse haben einen deutlichen Sexualdimorphismus, bei dem Männchen deutlich größere Scherenbeine haben als die Weibchen. Auch haben die Weibchen eine etwas rundere Panzerform als die Männchen. Sie pflanzen sich ähnlich wie die **Strandkrabbe *Carcinus maenas*** fort und können bis zu einer Million Eier produzieren. Neuere Forschungen haben ergeben, dass Taschenkrebse sogar den **Hummer *Homarus gammarus*** aus seinen Höhlen verdrängen können, und dass ihr Bestand bei Helgoland zunimmt, während der des Hummers abgenommen hat. Außerdem sind sie Profiteure der allgemeinen Erwärmung des Meerwassers, da sie nicht unbedingt zu den kälteliebenden Arten zählen. Denn man kennt den Taschenkrebs auch aus Teilen der nördlichen Adria im Mittelmeer. Allerdings ist es nicht sicher, ob die Art dort durch menschliche Aktivitäten eingeschleppt wurde, oder ob sie schon immer dort heimisch war. Kleine Taschenkrebse von nur ein bis drei Zentimetern Größe scheinen nach meinen Haltungserfahrungen in Seeaquarien sogar bei Zimmertemperaturen von etwa 20° Celsius einige Wochen bis Monate haltbar zu sein. Prämisse ist es jedoch, dass die Tiere möglichst langsam an diese Temperaturbereiche gewöhnt werden. Sollten andere Krabbenarten oder Großkrebse wie etwa der Hummer dem Klimawandel weichen, so kann man es jetzt schon als sehr wahrscheinlich ansehen, dass die Taschenkrebse deren ökologische Nischen erfolgreich erobern werden. Außerdem bedeutet wärmeres Wasser in diesem Fall auch ein schnelleres Wachstum für die Bruten des Kniepers, so dass er künftig sogar eine dominierende Position im Ökosystem des deutschen Wattenmeeres einnehmen könnte.

Juveniler Taschenkrebs, etwa 5 Zentimeter breit.

Ein Weibchen kann bis zu einer Million Eier produzieren. Eine erfolgreiche Art!

Der Stamm der **Stachelhäuter** ist sehr vielgestaltig. Zu diesem Stamm gehören die Klassen der **Seeigel, Seesterne, Schlangensterne, Seegurken** und **Haarsterne**. Die Stachelhäuter kommen nur im Salzwasser vor, was in ihrer larvalen Entwicklung begründet sein könnte. Sie tolerieren nur selten geringe Salzgehalte, und nur verhältnismäßig wenige Arten kommen auch in Bereichen vor, die einem starken Gezeiteneinfluss unterliegen. Insgesamt betrachtet kommen sie vom Flachwasserbereich bis in die Tiefsee vor und haben hier unterschiedlichste ökologische Nischen besetzt. Dabei sind sie auch innerhalb ihrer jeweiligen Klassen sehr variabel. So gibt es beispielsweise bei den Seeigeln Arten, die im Flachwasserbereich Algen von den Steinen schaben, Arten die im Schlamm eingegraben leben und ausschließlich Detritus fressen und andere, die in lichtlosen Tiefen leben und hier Aas und andere Partikel als Futter verwerten. Es wurde wissenschaftlich nachgewiesen, dass manche Stachelhäuter, wie zum Beispiel der **Gemeine Seestern *Asterias rubens*** in ihrer Epidermis Photorezeptoren besitzen, mit denen sie hell und dunkel unterscheiden können. Allen Stachelhäutern ist ein aus kleinen Kalkplättchen bestehendes Endoskelett gemeinsam, welches mehr oder minder mit Stacheln bedeckt ist. Der gesamte Körper der Stachelhäuter wird dabei von einem hydraulisch arbeitenden System kleiner Gefäßbahnen durchzogen, welches man als ambulakrales System bezeichnet. Fast alle Stachelhäuter (mit Ausnahme der Klasse ***Crinoidea***, der **Seelilien** und **Haarsterne**) besitzen kleine Saugfüßchen, die an dieses Leitungssystem angeschlossen sind, und mit denen sie sich am Substrat festsaugen können. Dabei entwickeln sie so gewaltige Adhäsionskräfte, dass sie dazu in der Lage sind, sich in der Brandungszone oder in stark strömenden Bereichen zu halten und darüber hinaus auch Beutetiere festzuhalten und zu öffnen. Bei manchen Arten, vor allem aber tropischen und subtropischen Seeigeln, sind einige dieser so genannten Pedicellarien zu kleinen Giftzangen umgebildet, mit denen der Seeigel empfindlich kneifen und nesseln kann. Die Vermehrung der Stachelhäuter folgt unterschiedlichsten Strategien, so dass man hier nur sehr schwer pauschale Aussagen machen kann. Bei den meisten Stachelhäutern erfolgt die Vermehrung durch den Ausstoß von Spermien und Eiern ins freie Wasser, wobei die Populationen einer Art meist synchron ablaichen. Dabei orientieren sich die Tiere an den Phasen des Mondes. In tropischen Korallenriffen

laichen sie sogar synchron mit vielen Korallen ab. Nachstehend seien daher einige
Larven von Stachelhäutern abgebildet:

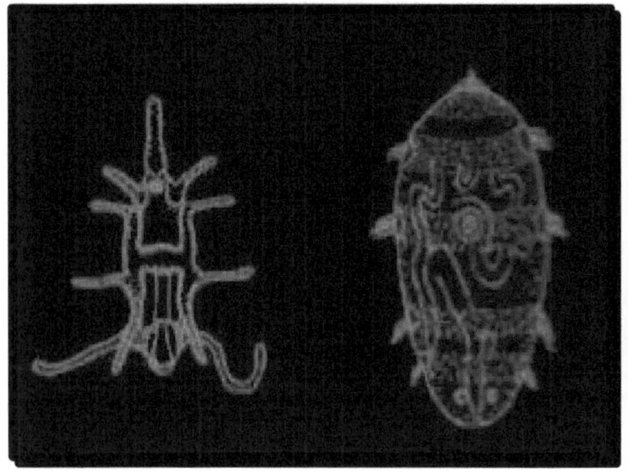

Seesternlarven

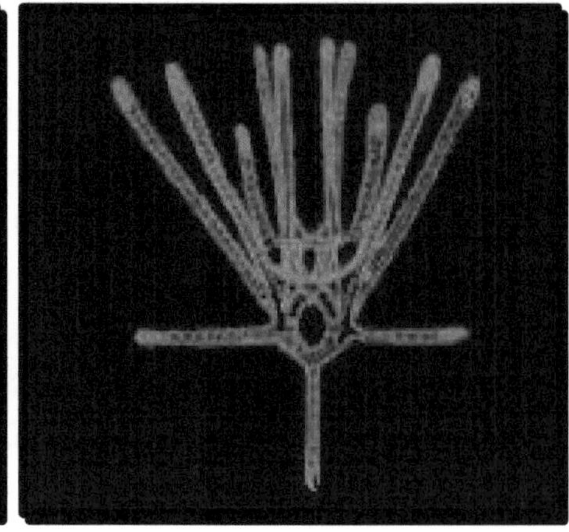

Schlangensternlarve

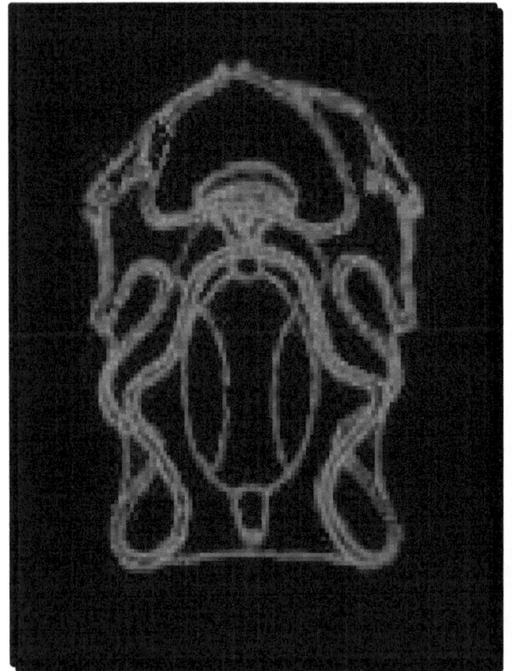

Seegurkenlarve

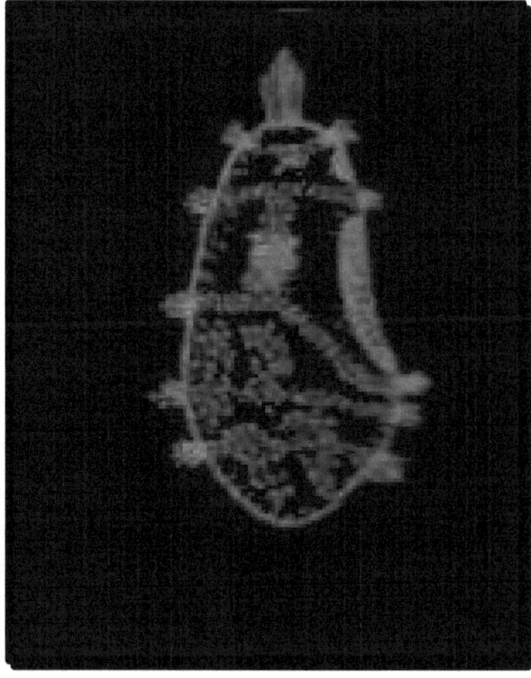

Haarsternlarve

Darüber hinaus gibt es bei manchen Seegurken und Seesternen noch die Vermehrungsstrategie durch vegetative Teilung, wobei ein Arm abgeschnürt wird, aus dem ein neues Tier entsteht, oder das Tier sich in zwei gleich große Hälften teilt. Solche Arten bezeichnet man auch als potentiell unsterblich, da ihre Nachfahren immer noch Anteile urelterlichen Gewebes in ihrem Körper haben könnten. Außerdem ist es von manchen Arten wie etwa dem **Blutseestern** *Henricia sanguinolenta* nachgewiesen worden, dass sie aktive Brutpflege betreiben, in dem sie ihre Eier bis zum Schlupf der Jungtiere bewachen. Leider hat der Mensch einen unheilvollen Einfluss auf die Fauna der Nordsee ausgeübt, was sich in der Tatsache zeigt, dass sich am Grund der Nordsee regelrechte Müllriffe gebildet haben. Diese bestehen aus einem Gemisch aus alten Netzen, Plastik- und Industriemüll aller Art sowie Algen, Schwämmen und Bryozooen, die sich darauf niedergelassen haben. Und in diesem Chaos leben auch Jungtiere von Stachelhäutern, wie etwa dem **Gemeinen Seestern** *Asterias rubens* oder dem **Strandigel** *Psammechinus miliaris*. Wobei ich letzteren mehrfach vorzugsweise an alten Plastiktonnen mit Bewuchs auffand, als ein Kutter den Müll im Hafen ablieferte. Kleinere Exemplare dieses Seeigels überleben dabei sogar mehrere Stunden auf dem Trockenen und können sich sogar vom Fang wieder erholen. Gleiches gilt auch für kleine Seesterne bis zu einer Größe von etwa 5 Zentimetern. Und so gelangen über die auf dem Müll siedelnden Wirbellosen chemische Substanzen und Toxine in die marinen Nahrungsketten, an deren Ende auch der Mensch steht. Abschließend sei angemerkt, dass manche Stachelhäuter auch gute Indikatororganismen sind, die uns Auskunft darüber geben, wie intakt unsere Umwelt tatsächlich ist. So kann man etwa selbst auf den ostfriesischen Inseln die früher dort manchmal vorkommenden Strandigel nur noch sehr selten oder gar nicht auffinden. Deshalb werden manche Arten von Forschungskuttern an ganz genau festgelegten Messpunkten regelmäßig eingesammelt und untersucht. Und an verschlickten Orten wie etwa Norddeich sucht man Seesterne leider vergeblich. Und auch Schlangensterne oder Herzigel lassen sich hier nicht auffinden. Eine weitere bedenkliche Tatsache ist die Absenz von Seesternen, die sich in früherer Zeit häufig assoziiert zu den allgegenwärtigen Miesmuscheln auffinden ließen. Heutzutage findet man diese – wenn überhaupt – nur noch auf den küstenvorgelagerten Inseln. Wenn überhaupt… Könnte es etwa sein, dass diese Arten ein „Wärmeproblem" bekommen haben?

Gemeiner Seestern, *Asterias rubens* Linnaeus, 1758

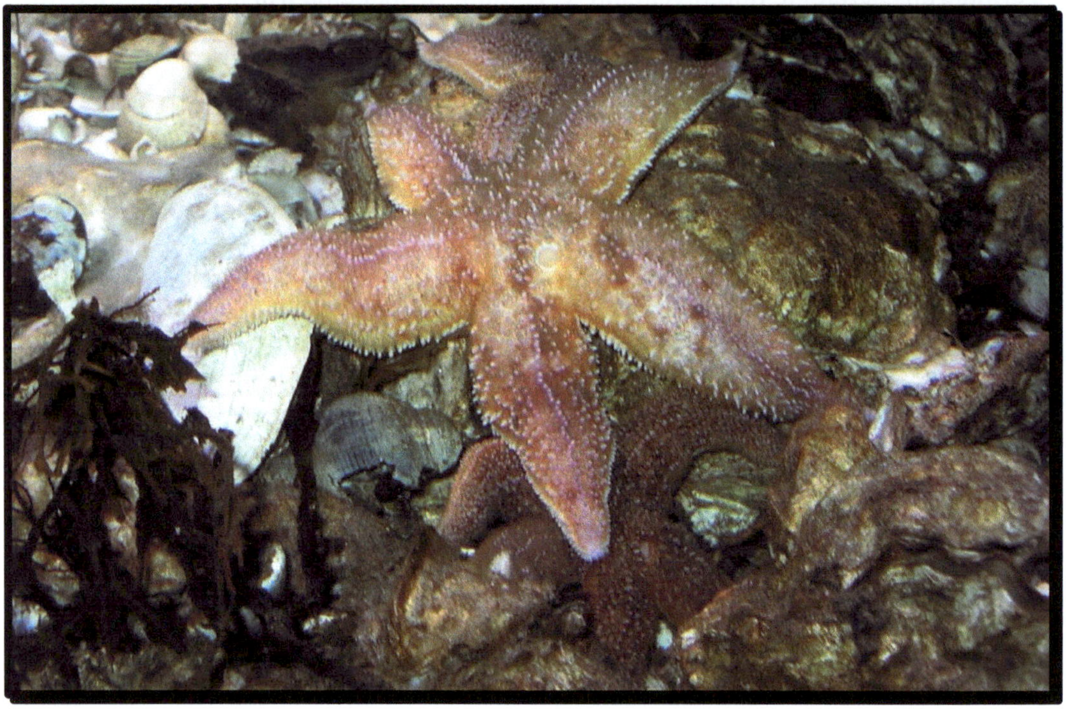

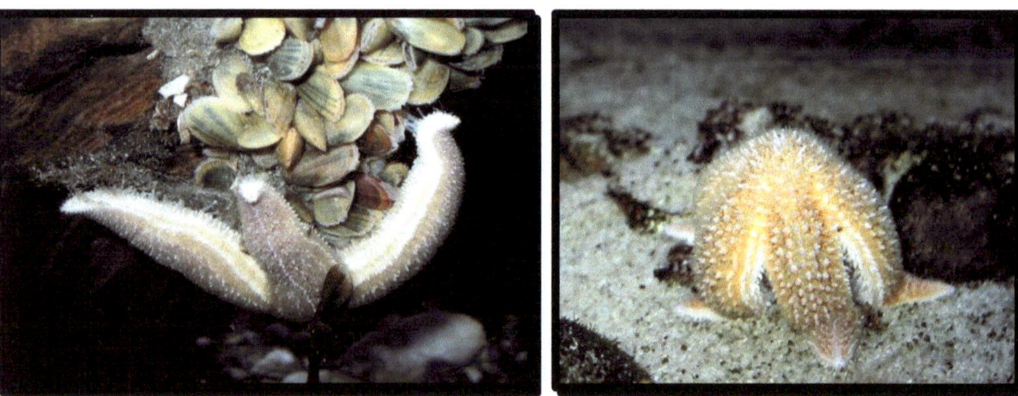

Seesterne in großen Ansammlungen sind an den Küsten der deutschen Nordsee inzwischen zu einer echten Ausnahmeerscheinung geworden…

Diese Seesterne delektieren sich gerade an Miesmuscheln, ihrer bevorzugten Beute.

Der **Gemeine Seestern** kann maximal 40 Zentimeter Durchmesser erreichen. Kleinere Seesterne kommen bereits in der Gezeitenzone vor, wo sie eigentlich in großen Scharen an Buhnen und Steinen mit Miesmuschelbewuchs zu finden sein sollten. Inzwischen sind Seesterne jedoch fast überall zur Mangelware geworden. Der Gemeine Seestern ist ein Räuber, der sich in der Natur hauptsächlich von Miesmuscheln ernährt, die er mit seinen Armen umklammert und langsam auseinanderzieht. Dieser Vorgang kann mehrere Stunden dauern, doch nutzt der Seestern vor allem die Tatsache aus, dass die Muschel irgendwann frisches Atemwasser einstrudeln muss. Sobald sie ihre Schalen ein winziges Stück geöffnet hat, stülpt er seinen Magen zwischen die Muschelschalen, spritzt sein Magensekret hinein und verdaut dann seine Beute außerhalb des Körpers. Danach saugt er den Nahrungsbrei ein. Seesterne fressen darüber hinaus auch Aas und alles, was sie irgendwie überwältigen können. Seit dem Hitzejahr 2016 kam es in der südlichen Nordsee zu einem verdeckten Seesternsterben, welches bisher kaum bemerkt wurde. Jedoch weiß ich aus zuverlässiger Quelle, dass an den Buhnen der Nordseeinsel Borkum, an welchen man sonst bei Ebbe unter den Steinen zu jeder Jahreszeit immer sehr viele Seesterne auffinden konnte, plötzlich nur noch einige wenige sehr kleine Jungtiere zu finden waren. Und auch im Nordseeaquarium Borkum griff die Seesternseuche um sich und tötete den Besatz. Dieses Phänomen kannte man bis dahin nur von den pazifischen Küsten Nord- und Mittelamerikas, wo Millionen von Seesternen von Alaska im Norden bis zur Baja California im Süden verendeten. Es handelte sich dabei um das durch ein Virus verursachte Seesternsterben. Die Seuche wird in Zusammenhang mit einem Anstieg der Wassertemperatur von einem Denso-Virus ausgelöst. Dabei bekommen die Seesterne Flecken auf der Haut, und ihre Bindegewebe lösen sich auf. Die Tiere sterben dann innerhalb weniger Tage. Die virale Seuche ist ansteckend, so dass Besatztiere in Aquarien auf engem Raum besonders schnell verenden. Offenbar spielt sich dieses Siechtum eher in den zu warm gewordenen flachen Uferzonen ab, denn die Kutter fangen immer noch viele Seesterne. Somit scheint sich das Problem bei uns vorerst noch in Grenzen zu halten. Aber die Erwärmung der flachen Uferzonen der südlichen Nordsee während der letzten beiden Dekaden könnte einer der wesentlichen Gründe für das Verschwinden der Seesterne sein.

Den **Strandigel** findet man regulär auf Hartsubstraten, auf Müllansammlungen oder an Treibholz. Er erreicht Größen von etwa 5 Zentimetern Durchmesser. Wo Seeigel über einen Stein gekrochen sind, hinterlassen sie deutliche Fraßspuren, denn sie fressen mit den Algen auch Steinpartikel, welche sie zur Bildung von Stacheln und Endo-Skelett benötigen. Der Strandigel frisst auch Treibholz, Seetang und sonstige Algen, wobei er allerdings nicht auf Weich- oder Schlammböden in der Gezeitenzone anzutreffen ist. Etwa bis zu den 1980er Jahren konnte man ihn in der südlichen Nordsee bereits im Flachwasserbereich in Ufernähe finden. So insbesondere an den Buhnen der Insel Borkum. Dort ist dieser Seeigel jedoch schon seit mindestens den letzten 3 Dekaden absent. In der südlichen Nordsee kann man Strandigel heutzutage in der Gezeitenzone nicht mehr auffinden. Dieses könnte an der Kontamination ihrer Substrate mit diversen Schadstoffen liegen, könnte aber auch der zu starken Erwärmung des Wattenmeeres geschuldet sein.

Der **Essbare Seeigel** lebt an europäischen Felsküsten und kann ab etwa 10 Metern Tiefe gefunden werden. Er kann einen Durchmesser von bis zu 16 Zentimetern erreichen, wobei seine Stacheln etwa 2 Zentimetern lang sind. Dieser Seeigel frisst mit seinem starken Gebiss, der „Laterne des Aristoteles", sowohl Seetang, als auch Algenbeläge auf Steinen. Darüber hinaus frisst er Aas und kleine Bodentiere. Bei der Insel Helgoland gibt es noch einen reproduktiven Bestand dieser Kaltwasserart, welcher unter strengen Schutz gestellt wurde. Zu hohe Temperaturen jenseits der 16° Celsius toleriert diese Art nicht lange. Das bedeutet, dass dieser Seeigel schnell zu einem Opfer des Klimawandels werden könnte. Dann kann man irgendwann im Internet die lakonische Notiz lesen: **„Essbarer Seeigel (*Echinus esculentus*), in der Deutschen Bucht seit dem warmen Indexjahr 20XY ausgestorben."**

Skelett

Laterne des Aristoteles

Seeigelzähne einzeln

Der **Eisseestern** ist der größte Seestern der Nordsee, da er einen Radius von bis zu 80 Zentimetern erreichen kann. Er ist weit verbreitet, denn er kommt vom Mittelmeer bis zum Atlantik vor. Sein Name bezieht sich nicht auf die von ihm bevorzugten Temperaturbereiche, sondern auf seine Färbung, die auch weißlich sein kann. Er gilt als starker Räuber. Der Eisseestern verträgt durchaus höhere Wassertemperaturen bis zu 18° Celsius, was mit seiner weiten Verbreitung bis ins Mittelmeer zusammenhängt. Allerdings dringt er im Mittelmeer nicht in die flachen Uferzonen ein, wo erheblich höhere Temperaturen herrschen können. Deshalb findet man ihn dort nur ab etwa 10 Metern Tiefe. Etwa seit dem Jahr 2003 erhalte ich gelegentlich Beifänge von Kuttern der südlichen Nordsee, aber noch nie hatten sie einen Eisseestern im Beifang. Liegt dieses nun daran, dass er harte Substrate bevorzugt, oder ist ihm etwa die südliche Nordsee schon zu „warm" geworden?

Die **Seescheiden** gehören rein taxonomisch betrachtet bereits zu den **Wirbeltieren** und werden als **Seescheiden** gemeinsam mit den **Geschwänzte Manteltieren** und den **Salpen** zum Unterstamm der **Manteltiere** gerechnet. Da ihre Larven eine *Chorda*, d.h. ein wirbelsäulenähnliches Organ, besitzen, werten manche Biologen diese Tiere als Vorläufer der Wirbeltiere. Dabei wird allerdings außer Acht gelassen, dass sich manche Arten auch durch Ausbildung von Seitenknospen vermehren. Ursprünglich versuchte bereits Aristoteles vor mehr als 2300 Jahren das Tierreich in Wirbeltiere und Wirbellose aufzuteilen, doch hat es sich gezeigt, dass solch eine pauschale Unterteilung der Tierwelt einige Probleme mit sich bringt. Denn es gibt einige Meerestiere, die im Grunde genommen Zwischenformen darstellen, die man nur sehr schwer einer dieser beiden Kategorien zuordnen kann. Die Seescheiden sind eine dieser problematischen Gruppen. Denn einerseits besitzen ihre Larven eine *Chorda*, die ein wirbelsäulenähnliches Organ darstellt, andererseits zeigen sie sonst keine Merkmale anderer typischer Wirbeltiere wie etwa Gliedmaßen oder ein dauerhaft vorhandenes Gehirn. Manche Seescheiden haben jedoch ein herzähnliches Organ und dazu führende Leitungsbahnen. Insofern wäre es nicht verwunderlich, wenn die taxonomische Stellung dieser Tiere eines Tages vollständig revidiert werden würde. Seescheiden leben als Filtrierer, wobei sie sich von den Schwämmen dadurch unterscheiden, dass sie immer eine Ein- und eine Ausströmöffnung besitzen. Seescheiden finden sich manchmal bereits im Flachwasserbereich der Gezeitenzone. Dabei kommen sie insbesondere auf Muschelschalen und anderen harten Substraten, wie etwa Plastikmüll, vor. Im Gegensatz zu den Schwämmen scheinen Seescheiden weniger luftempfindlich zu sein, denn sie können sich bei Bedarf ganz klein zusammenziehen, um so eine drohende Austrocknung zu verhindern. Durch die internationale Schifffahrt haben sich viele Seescheiden über den gesamten Globus verbreitet, was eine genaue Artbestimmung sehr erschweren kann. Teilweise sind sie dabei zur Plage geworden, die vor allem Schiffsrümpfe und Häfen befällt, was dann teure Reinigungsmaßnahmen nach sich zieht. Als Klimaindikatoren sind Seescheiden nur sehr bedingt geeignet, weil ihre Verbreitung oft anthropogenen Ursprunges ist und sie eine sessile Lebensweise haben. Andererseits lässt das jahreszeitenabhängige Auftreten ihrer Zooide Rückschlüsse auf den aktuellen Verlauf einer Fortpflanzungssaison, und damit indirekt auch auf das Klima, zu.

Die **Schlauch-Seescheide** kann 15 Zentimeter Länge erreichen. Sie lebt meist solitär, kann aber gelegentlich auch in kleinen Kolonien gedeihen. Besonders charakteristisch für diese Art sind die gelben Ringe um ihre Siphonalöffnungen und ihre lange und schlanke Körperform. Schlauch-Seescheiden sehen gallertartig und transparent aus, doch schimmern auch häufig zarte Grüntöne durch ihr Gewebe. Die Art wurde inzwischen durch die Schifffahrt weltweit verbreitet. Die Schlauch-Seescheide gehört zu den Pionieren, die plötzlich wie aus dem Nichts dort auftauchen können, wo sie optimale Lebensbedingungen vorfinden. Dabei besiedeln sie auch künstliche Substrate wie etwa Bojen, Hafenmauern, Plastikmüll oder Seile, die im Wasser treiben. Schlauch-Seescheiden gehören zwar nicht zu den besonders langlebigen Arten, doch wenn sie ein Gebiet für sich erschlossen haben, sind sie dort kontinuierlich präsent. Unter natürlichen Bedingungen pflanzt die Schlauch-Seescheide sich von Juni bis September geschlechtlich fort, wobei sowohl Eier als auch Spermien produziert werden. Das Auftreten ihrer Larven im Meeresplankton sowie ihrer adulten Zooide kann man in Bezug zum Verlauf der Jahreszeiten setzen, was dann indirekte Rückschlüsse auf eine Erwärmung der Nordsee liefern kann.

Die **Sternseescheide** ist vom Mittelmeer, um die britischen Inseln herum bis nach Norwegen im Norden verbreitet. Die Art ist wahrscheinlich inzwischen bereits zum Kosmopoliten geworden, da sie durch Schiffe bis nach Nordamerika, Island und selbst bis in den Pazifik hinein verbreitet wurde. Diese Seescheide bildet kleine gallertartige Körper aus. Diese einzelnen Zooide einer Kolonie erreichen etwa 10 Millimeter Radius und gruppieren sich stets sternförmig um eine gemeinsame Ausströmungsöffnung. Dabei sind sie meist bläulich oder sogar violett gefärbt. Das sternchenförmige Muster auf den einzelnen Zooiden macht diese Art unverwechselbar. Man findet sie vereinzelt an Schwimmpontons, Buhnen und anderen harten Substraten im Flachwasserbereich. Die Sternseescheide wickelt hier ihren Lebenszyklus ab, wobei sich die adulten Kolonien im Winterhalbjahr auflösen und dann im Frühling wie aus dem Nichts auftauchen und neue Kolonien bilden. Die Sternseescheide kann sich sowohl durch die Bildung von Knospen, als auch durch eine geschlechtliche Fortpflanzung mit Hilfe von Eiern und Spermien vermehren. Die Larven dieser Art kann man von Mai bis Oktober im Plankton auffinden. Es darf vermutet werden, dass sie in der südlichen Nordsee mangels der Jahreszeit „Winter" in Zukunft immer früher im Plankton und an ihren Siedlungssubstraten auffindbar sein wird. Mindestens seit dem Jahr 2016 waren ihre adulten Zooide bereits im März und April im Hafen von Norddeich präsent.

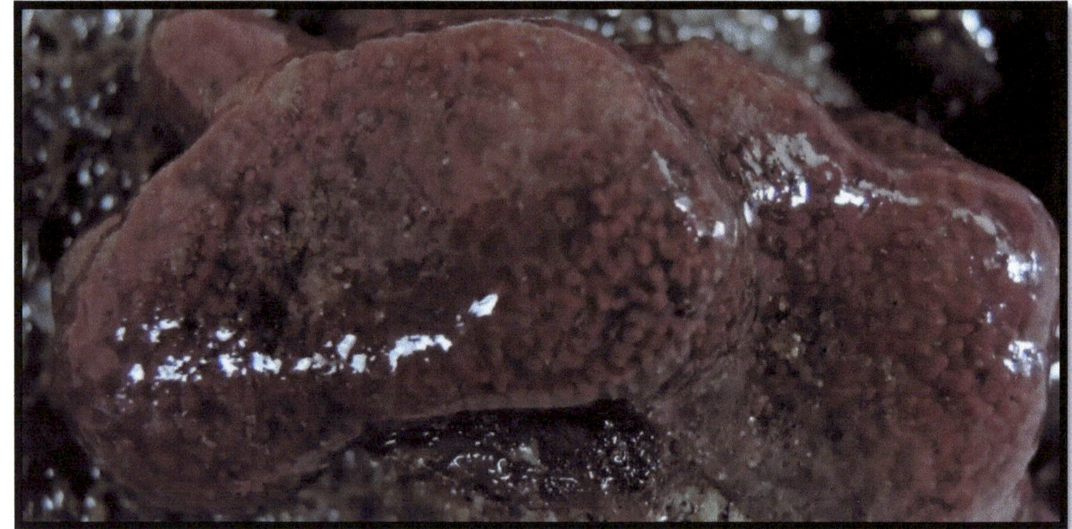

Die **Mäander-Ascidie** kann man in den Häfen der südlichen Nordsee, vor allem an den Schwimmstegen der kleinen Boote antreffen. Darüber hinaus wurde die Mäander-Ascidie im 20. Jahrhundert mit der Schifffahrt weltweit verbreitet. Sie besiedelt vor allem harte Substrate vom Flachwasser bis in etwa 1000 Meter, was ein erstaunliches Verbreitungsgebiert für eine „Flachwasserart" darstellt. Das besondere Kennzeichen dieser Art sind die stets in Doppelreihen angeordneten Zooide, von denen die einzelnen etwa 2 Millimeter hoch sind. Ihre Farbe kann rosafarben, gelblich oder beige sein. Stets sind sie mit einer Gallertschicht bedeckt. Und je größer die Kolonie wird, desto weniger gut kann man die charakteristischen Doppelreihen erkennen. Im Frühjahr beginnen zwar die ersten Zooide damit, geeignete Substrate zu besiedeln, doch sind die jungen Kolonien dann noch so klein, dass man sie kaum wahrnehmen kann. Erst im Juni oder Juli fallen sie dann als bunte Flecken auf Austern oder Schwimmkörpern wie Bojen und Fendern auf und erreichen ihren Wachstumshöhepunkt dann im September und Oktober. Im Winterhalbjahr schrumpfen die Kolonien und werden regressiv. Dabei lagern sie ihre Substanz in so genannten ompaken Ampullen ein, aus welchen dann im nächsten Frühjahr neue Kolonien entstehen. Der Zeitpunkt ihrer „Auferstehung" kann Rückschlüsse auf die gestiegene Meerestemperatur liefern. 2020 waren erste kleine Kolonien dieser Art bereits im April und Mai sichtbar.

Die **Faltenascidie** erreicht eine Größe von etwa 10 Zentimetern und tritt meist
paarweise oder in Kleingruppen auf. Bei Ebbe kann sie sich zusammenziehen, um
damit einer möglichen Austrocknung vorzubeugen. Die Faltenascidie ist aus dem
Nordpazifik, das heißt von den Küsten Japans und Koreas, in unsere Gewässer
eingewandert. Inzwischen kann man sie regulär auf den Ostfriesischen Inseln und
auch in geschützten Häfen am Festland entdecken. Sie siedeln sich auf harten
Substraten an und bevorzugen Bereiche, in denen sie bei Ebbe nicht trockenfallen
können. Allerdings macht es ihnen nichts aus, falls sie doch einmal auf dem
Trockenen landen. Es wurde nachgewiesen, dass sie das bis zu 48 Stunden lang
überleben können, auch wenn die Sonne scheint! Diese Eigenschaft erklärt auch
ihre mittlerweile globale Verbreitung durch Schiffe. Etwa ab April kann man die
Zooide der Faltenascidie an den Schwimmpontons unserer Häfen auffinden. Hier
wachsen sie schnell zur Endgröße heran. Dann im Oktober und November
verschwinden sie völlig und tauchen erst im nächsten Frühjahr wieder auf. Da sich
die Faltenascidie in unseren Gewässern problemlos vermehrt, hat sie in der
Deutschen Bucht offensichtlich optimal warme klimatische Bedingungen
gefunden, welche sie ihre Herkunft aus exotischen Gefilden vergessen lassen…

Alle Haie und Rochen werden systematisch in die **Klasse** der **Plattenkiemer**, eingeordnet. Denn sowohl bei den Haien als auch bei den Rochen sind die Kiemen mit knorpelartigen Platten verbunden, die sie anatomisch von den Knochenfischen unterscheiden. Häufig besitzen Haie und Rochen Spritzlöcher, mit denen sie ihr Atemwasser ansaugen, um es durch die Kiemenspalten wieder herauszupressen. Diese Spritzlöcher finden sich sowohl bei bodenlebenden als auch bei freischwimmenden Arten. Bei den Bodenarten verhindern diese Löcher, dass Sand in die Kiemen eindringen kann, da die Tiere auf dem Boden liegend das Atemwasser von oben ansaugen und nach unten wieder herauspressen. Bei den pelagischen Arten sorgen die Spritzlöcher dafür, dass der Hai auch beim Fressen von Beute oder beim sehr schnellen Schwimmen noch genug Sauerstoff für seine Atmung aus dem Wasser ziehen kann. Manche Haiarten sind nachweislich keine wechselwarmen Tiere mehr, da sie in der Lage sind, durch Muskelkontraktionen eine höhere Körpertemperatur als das umgebende Wasser zu erzeugen. Das verschafft ihnen einen enormen Vorteil gegenüber wechselwarmen Beutetieren, die nicht mehr so schnell sind, wie der Hai. Auf der anderen Seite haben solche Räuber einen erhöhten Energiebedarf, der relativ viele Beutetiere erfordert. Haie und Rochen besitzen kein Knochenskelett, sondern lediglich eine Wirbelsäule, die aus Knorpeln besteht. Sie haben darüber hinaus meistens stark ausgeprägte Kieferknochen, die jedoch weder mit dem Schädel, noch mit den Zähnen fest verbunden sind. Die Zähne sitzen bei den Haien auf einer Knorpelleiste, wo sie in mehreren Reihen hintereinander angeordnet sind. Dieses Gebiss wird daher auch als Revolvergebiss bezeichnet. Bricht ein Zahn ab oder ist er zu abgenutzt, fällt er heraus, und ein neuer Zahn schiebt sich aus der nächsten Reihe automatisch nach. Darüber hinaus ist die Haut von Haien und Rochen mit kleinen Hautzähnchen bedeckt. Diese sind alle nach hinten ausgerichtet und verbessern die **Hydrodynamik** der Tiere ganz erheblich. Möchte man einen Hai oder Rochen streicheln, so wird man feststellen, dass das wegen der Hautzähne nur in eine Richtung, nämlich zum Schwanzende des Tieres hin, möglich ist. In der anderen Richtung bleibt man hängen. Auch wurden Haihäute früher zu Schmirgelpapier oder Regenmänteln verarbeitet. Manche bösen Verletzungen, die sich Taucher im Umgang mit Haien zugezogen haben, sind lediglich Schürfwunden gewesen! Haie und Rochen besitzen ein besonderes Sinnesorgan, nämlich die **Lorenzinischen Ampullen**. Dabei handelt es sich um mit Schleim gefüllte Kanäle, die im Kopfbereich des Tieres meist um die Schnauze herum angesiedelt und mit dem Gehirn des Tieres vernetzt sind. Mit diesem Organ können die Tiere auch kleinste elektrische Felder im Wasser orten. Da jedes Lebewesen ein eigenes kleines elektrisches Feld besitzt, können Knorpelfische diesen Elektrorezeptor somit als Beuteradar nutzen. Die meisten Haiarten der Nordsee sind für den Menschen harmlos, doch haben Dornhaie Giftstacheln in der Rückenflosse. Zu den gefährlicheren Hai-Arten gehört der **Heringshai *Lamna nasus*** (Bild unten), der zur gleichen Haifamilie wie der bekannte Weiß- oder Menschenhai gehört und in der Nordsee in Schulen von 10-15 Tieren auf die Jagd nach Fischen geht. Zwar sind von dieser Art bisher höchstens Zwischenfälle mit gebissenen Fischern bekannt geworden, doch hat sie ein beachtliches Gebiss und schwimmt manchmal auch ins Süßwasser, wo sie stromauf wandert. Manche gefährlichen tropischen Haiarten werden Hunderte von Kilometern flussaufwärts im Binnenland angetroffen, und

können dort badenden Menschen tatsächlich gefährlich werden. Insofern sollte einem der Heringshai hier schon zu denken geben, denn ein Exemplar dieser Art wurde vor einigen Jahren tatsächlich von Anglern aus der Eider gezogen… Unter den Rochen wäre hier der gelegentlich in der Nordsee auftauchende **Stechrochen *Dasyatis pastinaca*** zu nennen, der mit Widerhaken versehene Stacheln auf dem Schwanzstiel besitzt, sowie der **Zitterrochen *Torpedo marmorata***, der elektrische Stromstöße austeilen kann. Bei einer stetig steigenden Wassertemperatur in der Nordsee ist daher künftig häufiger mit dem Vorkommen subtropischer Hai- und Rochenarten in der Deutschen Bucht zu rechnen. Sei es, dass diese Tiere nur ihren Beutetieren in den Norden folgen, oder sei es, dass sie nun hier immer bessere Lebensbedingungen für ihre eigenen Nachkommen vorfinden.

Der **Dornhai** ist ein echter Kosmopolit, den man im Nordatlantik und Nordpazifik genauso antrifft wie im Südatlantik und südöstlich von Australien. Weltweit ist er wahrscheinlich die häufigste Haiart. Die Tiere leben in großen Schwärmen von Tausenden von Tieren und machen so Jagd auf Kabeljaue, Heringe, andere Schwarmfische und Boden bewohnende Wirbellose. Weibchen können 1,20 Meter lang werden, Männchen etwa 90 Zentimeter. Dornhaie können bis zu 60 Jahre alt werden und erreichen die Geschlechtsreife im männlichen Geschlecht mit etwa 10 Jahren, im weiblichen dagegen erst mit 12 Jahren. Man fängt Dornhaie meist in Tiefen zwischen 10 und 200 Metern als Beifänge der Dorschfischerei. Heutzutage werden Dornhaie auch kommerziell vermarktet. Ihre rohen Bauchlappen werden auf Wochenmärkten als **"Seeaal"** angeboten oder geräuchert als **"Schillerlocke"** vermarktet. Ihre geringe Reproduktionsrate kann die Menge der gefischten Dornhaie nicht kompensieren, so dass es schon jetzt absehbar ist, dass wegen dieses Raubbaues der Dornhai eines Tages unter Schutz gestellt werden muss. Sollte der Dornhai eines Tages vollständig aus der Deutschen Bucht verschwunden sein, dürfte dieses jedoch nicht der Überfischung, sondern dem Klimawandel geschuldet sein. Denn Dornhaie wandern in größere Tiefen ab, wenn ihnen das Oberflächenwasser zu warm wird. Oder sie ziehen sich in die nördlicheren Areale ihres Verbreitungsgebietes zurück. Dornhaie sind ausgesprochen seltene Beifänge der Krabbenfischerei. So ist mir persönlich nur ein einziger Fang dieser Art von den norddeicher Krabbenfischern im Zeitraum von 2012 bis 2020 bekanntgeworden, und bei diesem handelte es sich um ein im Frühjahr 2016 neu geborenes Jungtier. Sollte die Erwärmungstendenz in der südlichen Nordsee anhalten, dann könnte es hier das letzte Exemplar seiner Art gewesen sein.

Der **Kleingefleckte Katzenhai** ist die häufigste Haiart an den europäischen Küsten. Er kommt sowohl in der Algenzone als auch über Sand- und Geröllböden vor, wobei er in Tiefenbereichen zwischen 10 Metern bis 780 Metern Tiefe nachgewiesen wurde. Maximal werden diese Haie etwa 1,20 Meter lang, und sie können mindestens ein Alter von 9 Jahren erreichen. Katzenhaie sind für die Haltung in Aquarien sehr gut geeignet, da sie nicht so große Platzansprüche haben wie freischwimmende Haiarten. Da diese Tiere auch im Aquarium Längen erreichen können, die deutlich über 50 Zentimetern liegen, müssen sie trotzdem in entsprechend großen Aquarien untergebracht werden. Sie fressen Tintenfische, Garnelen, Würmer, kleine Krabben und kleine Fische. Wenn sie nicht gerade auf der Jagd sind, dösen sie faul auf dem Bodengrund vor sich hin und sparen sich so ihre Energie. Katzenhaie werden vorzugsweise bei der Fütterung aktiv, sie verwandeln sich dann in elegante Schwimmer Katzenhaie werden gelegentlich von Meeresanglern geangelt, und sie sind manchmal ein Beifang der kommerziellen Fischerei. Ihr Fleisch hat einen relativ guten Geschmack und schmeckt immer etwas nach Ammoniak. Katzenhaie haben einen ausgezeichneten Geruchssinn und können besonders gut mit Tintenfischstückchen angelockt werden. In einem entsprechend großen Aquarium können auch mehrere Haie untergebracht werden. Häufig schreiten sie unter guten Lebensbedingungen auch zu Fortpflanzung. Diese Haie paaren sich, in dem das Männchen das Weibchen mit seinem sehr flexiblen Körper regelrecht umwickelt, und es mit Hilfe seiner Begattungsorgane, den paarig angeordneten Klaspern, innerlich befruchtet. Einige Wochen nach der Paarung legt das Weibchen gewöhnlich jeweils 2 Eikapseln an Seetangstielen ab, wobei es den Seetang umkreist, damit die Eier sich mit ihren spiralförmigen Haftfäden am Tang richtig verankern können. Diese Eikapseln werden auch als **Nixentäschchen** bezeichnet. Insgesamt kann ein Weibchen während einer Paarungszeit 18-20 Eier legen. Die Entwicklungsdauer der Eier ist abhängig von der Wassertemperatur und dauert gewöhnlich 8-10 Monate. Anfänglich kann man in einer frisch gelegten Eikapsel des Katzenhais in der Mitte den Eidotter erkennen. Wenn das Ei nicht befruchtet wurde, löst sich der Dotter nach einigen Tagen in eine breiförmige Masse auf. Wenn das Ei befruchtet wurde, kann man die Entstehung eines Embryos bis zur Weiterentwicklung zum kleinen Hai mit Dottersack studieren. Die Haie schlüpfen erst dann aus dem Ei, wenn der embryonale Dottersack aufgezehrt wurde. Diese Phase der Haizucht ist die heikelste, da die kleinen Haie jetzt an geeignetes Futter gebracht werden müssen. Wenn sie die Futteraufnahme verweigern, sind sie zum Hungertod verurteilt. Die Nachzucht des Kleingefleckten Katzenhais ist schon häufig gelungen und wird deshalb in öffentlichen Schauaquarien oft gezeigt. Katzenhaie haben sehr schöne goldene Augen, welche sie mit einem Augenlid verschließen können. Dieses Augenlid unterscheidet sie von allen anderen bekannten Fischarten. Tote Katzenhaie haben daher häufig geschlossene Augen. Dicht hinter den goldenen Augen haben Katzenhaie ein Spritzloch, durch welches sie das Atemwasser durch ihre 5 Spalten von Plattenkiemen pressen. Dieses Spritzloch stellt eine typische Anpassung an das Bodenleben dar, mit der die Tiere es vermeiden, auf Sand- oder Schlammgrund versehentlich Sedimentpartikelchen einzuatmen. Beim Schwimmen oder leicht angehobenen Ruhen auf dem Grund können sie selbstverständlich auch durch ihr Maul einatmen. Katzenhaie können auch auf ihren beiden großen Brustflossen über den Meeresboden watscheln und bieten so einen possierlichen Anblick. Dieser wird häufig noch dadurch verstärkt, dass sie sich aalähnlich schlängelnd fortbewegen. In den letzten Jahren wurden wieder vermehrt Katzenhaie verschiedenster Größe und auch Eikapseln von den Krabbenkuttern in der südlichen Nordsee gefangen. Leider legen Katzenhaie ihre Eier sehr gerne an alten Fischernetzen und anderem Müll ab. Und auch von einer Erwärmung der Nordsee scheinen sie deutlich zu profitieren, weil sich bei höheren Temperaturen ihre Eier schneller entwickeln können. Somit haben sie also sowohl von der Vermüllung als auch vom Klimawandel einen deutlichen Vorteil gegenüber anderen Arten, so dass die Prognose für die weitere Existenz ihrer Art in der Deutschen Bucht in jedem Fall gut ist.

Hundshaie können eine Gesamtlänge von etwa 2 Metern erreichen. Sie gehören zu den subtropischen Arten, die sich im Sommer in der südlichen Nordsee fortpflanzen. Hier gebären sie ihre Jungen lebend bei den unserer Küste vorgelagerten Inseln. Man findet Hundshaie sonst regulär auch weltweit in subtropischen Gewässern, so etwa vor der brasilianischen Küste. Ab dem Jahr 2014 und in den Folgejahren wurden hin und wieder im Mai und Juni Jungtiere der Hundshaie vor der Insel Juist gefangen. Offensichtlich pflanzen sich diese subtropischen Haie hier erfolgreich fort. Die Weibchen dieser Art bringen lebende Junge zur Welt, die zwischen 35 und 50 Zentimeter lang sein können. Sollte sich die Nordsee in absehbarer Zeit noch stärker erwärmen, so werden sich solche Fänge und Sichtungen mit Sicherheit häufen. Hundshaie werden nur knapp zwei Meter lang und ernähren sich von kleinen Fischen und Krebsen, so dass sie für den Menschen ungefährlich sind. Sie stellen eine Bereicherung des Ökosystems der südlichen Nordsee dar und sollten deshalb möglichst geschont werden. Denn Haie regulieren die Bestände von Fischen, aber auch von Kopffüßern, und tragen somit dazu bei, natürliche Nahrungsketten und das ökologische Gesamtgefüge der Nordsee intakt zu halten.

Den **Zitterrochen** kennt man eigentlich eher aus Mittelmeer und Ostatlantik, wo er Größen von etwa 60 Zentimetern erreichen kann. Zitterrochen besitzen Muskelplatten, die in ihren Brustflossen in mehreren Schichten übereinandersitzen. Diese reiben sie aneinander und erzeugen damit elektrische Stromstöße, mit denen sie ihre Beutetiere betäuben. Tagsüber liegen sie eingegraben im Sandgrund, während sie in der Dämmerung und nachts auf die Jagd gehen. Tauchern, die Nachttauchgänge machen, können sie daher gefährlich werden. Zitterrochen sind lebendgebärende Fische und bringen nach einer Tragzeit von etwa 10 Monaten zwischen 5 und 30 Jungtiere zur Welt. Das hier gezeigte Exemplar wurde in der Ostsee gefangen und danach im Multimar-Wattforum Tönning ausgestellt. Leider ließ sich das Tier im Aquarium nur für einige Wochen am Leben erhalten. Ob dieses Exemplar als ein Beleg für die fortschreitende Klimaerwärmung gesehen werden kann, oder als seltener Irrgast betrachtet werden muss, ist bisher unklar.

Der **Blondrochen** kommt eigentlich regulär im westlichen Mittelmeer, an den nordafrikanischen Küsten und im Ärmelkanal vor. Im Frühjahr 2015 und in den Folgejahren inklusive Mai 2020 wurden mehrere Exemplare vor den ostfriesischen Inseln Juist und Norderney gefangen. Dieses kann als ein weiterer Beleg der rasch fortschreitenden Klimaerwärmung gewertet werden, da die Winter seit dem Jahr 2014 überwiegend zu warm waren. An der Küste Ostfrieslands gab es kaum noch solche Wetter-Ereignisse wie etwa Schneefall oder starken Frost. Vom **Nagelrochen *Raja clavata*** kann man den Blondrochen unschwer daran unterscheiden, dass er auf der Körperoberseite zahlreiche kleine schwarze Flecken hat. Außerdem haben die Männchen des Blondrochens nur in der Körpermitte eine Reihe Stacheln, während der Rücken eines männlichen Nagelrochens mit diversen Reihen von Dornen überzogen ist. Darüber hinaus haben Blondrochen stets einige größere beigefarbene Flecken auf dem Rücken. Blondrochen können eine Körperlänge von 120 Zentimetern erreichen und sind vom Flachwasser bis in etwa 400 Meter Tiefe präsent. Sie sind recht robuste Fische und überstehen den Fang durch einen Kutter meist unbeschadet. Da es sich bei den größten Fängen ab dem Jahr 2015 um Weibchen handelte, kann man davon ausgehen, dass diese Exemplare zur Eiablage in die Deutsche Bucht eingewandert sind, da unser Nordseewasser offenbar jetzt die richtige Temperatur und das richtige Nahrungsangebot für ihren Nachwuchs bereithält. Außerdem wurden auch schon frisch geschlüpfte Jungtiere des Blondrochens gefangen.

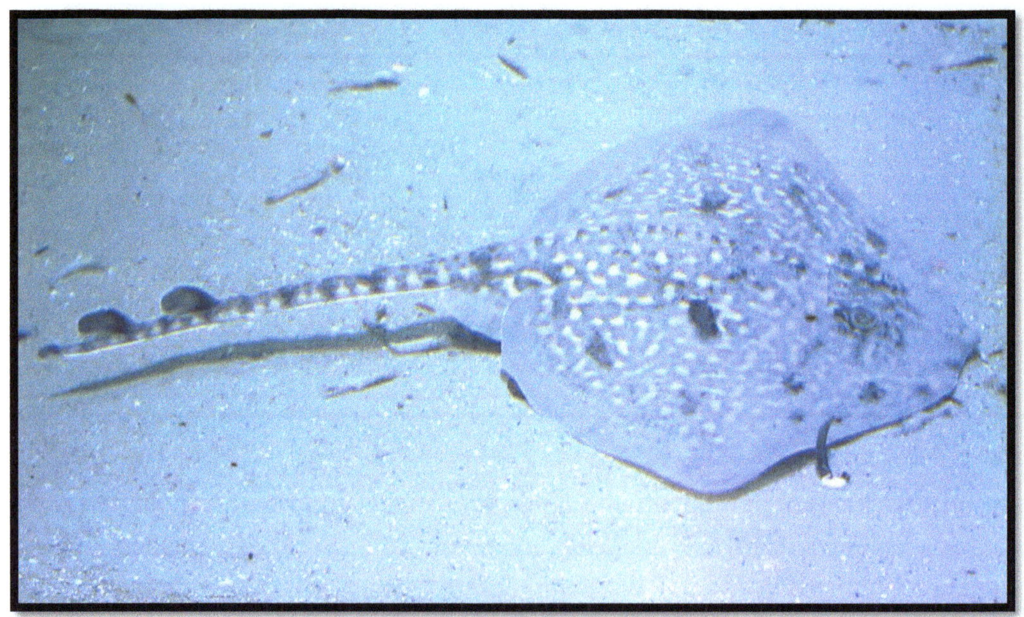

Der **Nagelrochen** macht seinem Namen alle Ehre, denn er besitzt nicht nur auf der Körperoberseite zahlreiche Stacheln, sondern auch auf der Körperunterseite. Er ist ein Knorpelfisch, der ein so weites Verbreitungsgebiet hat, dass man ihn schon fast als Kosmopoliten bezeichnen kann. Man findet ihn von Island im Norden entlang der meisten europäischen Küsten bis hinein ins Mittelmeer und ins Schwarze Meer, sowie bis zu den südafrikanischen Küsten im Süden. Die Art kann etwa 120 Zentimeter Länge erreichen. Auch wenn die Bestände dieses Rochens vor den deutschen Küsten eher rückläufig sind, und man seine typischen schwarzen Eikapseln mit den vier "Hörnern" immer seltener in den Spülsäumen findet, ist diese Art wegen ihres großen Verbreitungsgebietes und ihrer relativ hohen Reproduktionsrate nicht vom Aussterben bedroht. Denn der Nagelrochen kann sich bereits mit einer Körperlänge von etwa 70 Zentimetern fortpflanzen, und in nur einer Saison kann ein Weibchen 70-150 Eikapseln ablegen. Was für einen Knorpelfisch eine sehr hohe Reproduktionsrate darstellt. Die Jungrochen schlüpfen nach etwa 4-5 Monaten aus den Eikapseln und haben dann schon eine Gesamtlänge von etwa 12 Zentimetern. Ob diese Art in Zukunft wieder häufiger an unseren Küsten auftaucht oder vom Blondrochen ersetzt wird, ist zurzeit noch unklar.

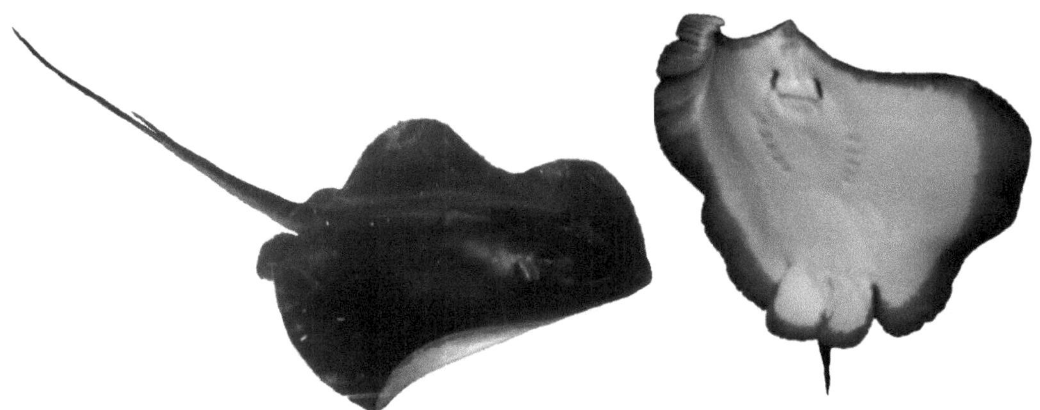

Der **Stechrochen** hat ein sehr großes Verbreitungsgebiet und kommt vom südlichen Afrika, die ostatlantische Küste hinauf, um England und Irland herum, sowie im Mittelmeer vor. Mit einer Gesamtlänge von bis zu 2 Metern ist er ein verhältnismäßig großer Rochen. In der Nordsee war er bisher nur ein seltener Sommergast, was sich offenbar in jüngerer Zeit geändert hat. So wurde etwa im Juni 2020 ein Exemplar von gut 50 Zentimetern Länge in der südlichen Nordsee von einem Kutter gefangen und fotografisch belegt. Stechrochen fressen Wirbellose und kleine Fische. Auf seinem Schwanz hat der Stechrochen ein bis zwei Stacheln, die eine gesägte Kante mit Widerhaken aufweisen. Wird er angegriffen, schlägt er den Schwanz nach oben und spießt so den Angreifer mit seinem Giftstachel auf. Er nutzt diese Waffe jedoch nicht zum Beuteerwerb, sondern nur defensiv. Wie andere subtropische Knorpelfische auch profitiert er von der Erwärmung des Wattenmeeres, denn dank dieser Erwärmung erhält er hier vor allem viel Nahrung wie etwa Sandgarnelen und kleine Fische.

Der Stachel des Stechrochens hat viele kleine Widerhaken. In der Mitte erkennt man die Giftrinne, welche mit einer Giftdrüse verbunden ist. Damit sollte man besser keine Bekanntschaft machen… Die Folgen sind Übelkeit, Herzrasen, Durchfall und im schlimmsten Fall Herzversagen und Tod.

Zu den **Strahlenflossern** gehören die weitaus meisten Fischarten, die es auf unserem Planeten gibt, und ihr Körperbau unterscheidet sich ganz erheblich von dem der Knorpelfische. Knochenfische besitzen ein in fast allen Teilen miteinander verbundenes Innenskelett. Ihre Bezahnung ist meistens fest im Kiefer verankert, und ihre Flossen werden mit knochigen Stachelstrahlen gestützt. Außerdem haben die meisten Fischarten Ganoidschuppen auf dem ganzen Körper, die mit einer schützenden Schleimschicht verbunden sind. Es gibt nur sehr wenige schuppenlose Fischarten, hierzu gehören beispielsweise einige Welsarten und einige Aalartige. Bemerkenswert ist es, dass es auch etliche Fischarten gibt, die einen regelrechten Knochenpanzer auf dem Körper tragen, so dass es schon fast so erscheint, als ob sie ein Außenskelett ähnlich dem mancher Niederer Tiere hätten. Dazu gehören in der Nordsee Arten wie etwa Steinpicker oder Seepferdchen. Fast alle Knochenfische besitzen im Gegensatz zu den Haien und Rochen eine Schwimmblase, mit der sie ihren Auftrieb im Wasser regulieren können. Dabei handelt es sich um ein mit Gas oder Öl gefülltes Organ, welches sich entsprechend dem Tiefendruck des umgebenden Wassers ausdehnen oder zusammenziehen kann. Meerwasserfische müssen ständig Wasser trinken, weil das im Meerwasser enthaltene Salz dem Körper des Fisches ständig Flüssigkeit entzieht. Das überschüssige Salz des Meerwassers wird dann von den Fischen durch spezielle Drüsen an den Kiemen und über die Nieren wieder ausgeschieden. Süßwasserfische dagegen müssen ständig das in ihren Körper eindringende Wasser mit Hilfe ihrer Nieren wieder ausscheiden, weshalb sie ins Wasser urinieren. Manchen Fischarten, speziell den wandernden Arten wie der Meerforelle oder dem Aal gelingt die Umstellung vom Meer- auf Süßwasser und umgekehrt problemlos, während andere Arten ein Umsetzen in das jeweils andere Milieu nur sehr kurze Zeit vertragen. Manche Meeresfische wandern auch deshalb in Süßgewässer ein, um sich hier von lästigen Parasiten zu befreien, die durch eine Änderung der Salinität absterben, da ihr Organismus die rasche Umstellung auf andere osmotische Verhältnisse nicht verträgt. Es gibt auch Süßwasserfische, die genau umgekehrt verfahren. So findet man beispielsweise den Flussbarsch häufig in Küstennähe und manchmal sogar in Fischreusen im Watt. Auch der Neunstachelige Stichling kann in seltenen Fällen im Watt gefunden werden, obwohl er eigentlich ein reiner Süßwasserfisch ist. Mit den Fischen der Nordsee kann man immer wieder Überraschungen erleben, was vor allem daran liegt, dass die Fische die Bücher, die über sie geschrieben wurden, nicht gelesen haben. Man sollte niemals pauschale Behauptungen glauben, die irgendwann einmal von irgendwelchen "klugen" Leuten aufgestellt wurden, und sich vor Verallgemeinerungen hüten. Auch ist es hinsichtlich der Debatte um die fortschreitende Klimaveränderung sehr schwierig geworden, einzuschätzen, wie sich die Zusammensetzung der Nordseefauna in Zukunft darstellen wird. Denn es ist zurzeit bei vielen Arten noch nicht genau erkennbar, ob ihr Rückgang „nur" mit dem wärmeren Klima oder einer bloßen Überfischungssituation zusammenhängt. Doch ist es bei manchen Arten durchaus vorhersehbar, dass wärmere Temperaturen sie zum Ablaichen in immer nördlicheren Gefilden zwingen, da sie sich bei höheren Temperaturen nicht reproduzieren können. Das hängt damit zusammen, dass viele Arten eine winterliche Kältephase für die Reifung ihrer Gonaden (Geschlechtsprodukte) benötigen. Bleibt die Kältephase aus, stellen sie die Vermehrung ein. Dieses Problem ist auch aus kommerziellen Aquakulturen und der Aquarienhaltung von Fischen bekannt, trifft aber nicht nur auf Fische, sondern auch auf Wirbellose zu. Gleichzeitig sind bereits jetzt deutliche Tendenzen erkennbar, dass immer mehr Fischarten, die eigentlich in südlicheren Gefilden schwimmen, den Norden als Lebensraum erschließen. Daher sollte es sorgfältig beobachtet werden, wenn Arten wie die Gestreifte Meerbarbe, die eigentlich typischer Weise im Ärmelkanal vorkommen und in der südlichen Nordsee ablaichen, sich plötzlich quietschvergnügt in der Mündung der Elbe tummeln. Solche Faunenverschiebungen sind deshalb so problematisch, weil man nicht genau sagen kann, welche Auswirkungen diese auf das gesamte ökologische Gefüge der Nordsee haben werden. Für die Fischereiwirtschaft können diese Änderungen manchmal zum Ruin ganzer Fangflotten führen, aber auch neue Chancen mit sich bringen. So gingen zum Beispiel während der 1980er Jahre wegen schrumpfender Bestände der Heringe die Heringsfangflotten zugrunde, während Fischer, die sich auf die plötzlich angewachsenen Makrelenschwärme umstellten, von dieser Änderung profitierten. Wirklich dramatisch wird es allerdings dann, wenn – wie im Jahre 2009 geschehen – ohne vorhersehbaren Grund Dorsch- und Plattfischbestand gleichermaßen kollabieren. Ob es in solchen Fällen noch Profiteure geben wird erscheint fraglich. Und ob aus dem Süden nachgewanderte Arten vermarktbar sein werden, erscheint ebenfalls zweifelhaft.

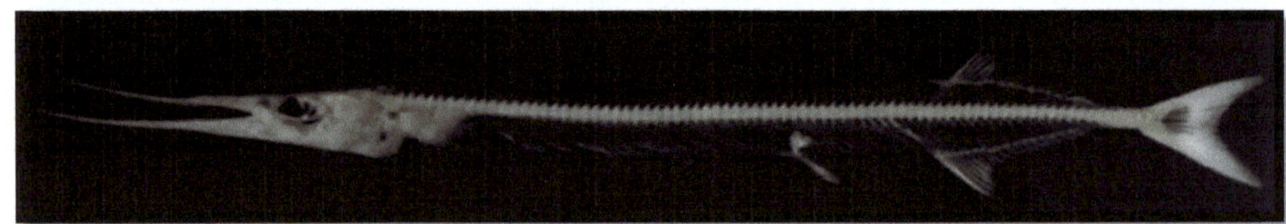

Der **Hornhecht** wird maximal 90 Zentimeter lang und kann 1,3 Kilogramm Gewicht erreichen. Er kommt sowohl im Ostatlantik wie auch an den Küsten des Mittelmeeres und des Schwarzen Meeres vor. Die Kiefer dieses Fisches erinnern an den Schnabel eines Storches oder Reihers. Dieser "Schnabel" besteht aus Kieferknochen, von denen der obere Part über den unteren ragt und wie ein Scharnier schließt. Hornhechte fressen kleine Heringe und Sardellen, denen sie im Schwarmverband dicht unter der Meeresoberfläche nachjagen. Dabei werden die Beutefische zunächst quer zur Körpermitte gepackt und mit den spitzen Zähnchen festgehalten. Danach werden Ober- und Unterkiefer in der Horizontalen etwas auseinander gedreht, so dass der Beutefisch mit dem Kopf voran verschluckt werden kann. Hornhechte gehören mit zu den Fischarten, die von einer leichten Erwärmung der südlichen Nordsee profitieren werden. Vor allem deshalb, weil sich mit gestiegener Wassertemperatur auch ihre Beutetiere automatisch schneller vermehren können. Was insbesondere das Wachstum ihrer eigenen Bruten fördert. Darüber hinaus wirkt es sich für Arten wie den Hornhecht günstig aus, wenn sonst vorhandene Fressfeinde wie etwa Seelachs und Dorsch infolge der Meereserwärmung das Feld in Richtung Norden räumen müssen. So überleben mehr Exemplare ihrer Bruten und werden somit rasch zu erwachsenen Tieren. Daher ist auf absehbare Zeit mit einer Zunahme der Hornhechtbestände zu rechnen. Aber nicht nur in der Nordsee, sondern auch in der südlichen Ostsee.

Der **Gestreifte Schleimfisch** lebt regulär im Schwarzen Meer, im Mittelmeer und im Ostatlantik bis zu den südlichen britischen Inseln. Außerdem findet man ihn neuerdings auch in der südlichen Nordsee bei den Ostfriesischen Inseln. Und es gibt auch unbestätigte Meldungen von der Insel Helgoland. Die Art kann maximal eine Länge von bis zu 30 Zentimetern erreichen. Diese Fische kommen assoziiert zu Seegraswiesen oder Felsenküsten vor, wobei man die Jungtiere bereits in der flachen Gezeitenzone auffinden kann, während adulte Exemplare auch bis in 30 Meter Tiefe vorstoßen. Sie ernähren sich von Algen und den darauf lebenden Kleintieren. Die Männchen besetzen Höhlen, in welchen sie nacheinander mit mehreren Weibchen laichen, um dann später die Brut zu bewachen. Diese schwimmt dann nach wenigen Wochen im Plankton, bis die fertig umgewandelten Jungfische zum Bodenleben übergehen. Im Jahr 2016 gelang der Nachweis eines Exemplars von den Schwimmstegen im Hafen der Insel Baltrum. Und in den Folgejahren fingen die ostfriesischen Kutter immer wieder Einzelexemplare. Im Frühjahr des Jahres 2020 fing ein einzelner Kutter sogar insgesamt mindestens 6 Exemplare dieser Art, was ein Beleg dafür ist, dass diese wärmeliebende Fischart sich jetzt nicht mehr nur saisonal in der Deutschen Bucht aufhält, sondern sich hier bereits fortpflanzt und damit auch dauerhaft etabliert hat. Aufgrund von Aquarienbeobachtungen kann man außerdem sagen, dass diese Art Temperaturen von 20° Celsius und mehr toleriert. Damit gehört sie zu den Gewinnern des Klimawandels und wird unsere Meeresfauna in Zukunft dauerhaft bereichern.

Finte, *Alosa fallax* (Lacepede, 1803)

Die **Finte** ist ein anadromer Wanderfisch, der eine maximale Länge von etwa 60 Zentimetern und ein Gesamtgewicht von bis zu 1500 Gramm erreichen kann. Man findet sie vom nördlichen Norwegen bis zum Mittel- und Schwarzen Meer. Leider ist diese Art infolge Verbauung und Regulierung der Laichwege inzwischen relativ selten geworden. Die Finte hat einen großen und mehrere kleine schwarze Flecken auf der Seitenlinie, welche jedoch erst Stunden nach dem Ableben der Tiere deutlich zu erkennen sind. Frischtote Exemplare leuchten schwach violett. Finten erreichen mit einem Alter von bis zu 25 Jahren ein recht hohes Alter für einen Heringsfisch. Zum Laichen wandern sie in die Flussmündungen ein, was ihnen an vielen Orten leider mit Schleusen und Wehren unmöglich gemacht wurde. In den letzten Jahren wurde jedoch damit begonnen, Fischtreppen und ähnliche Vorrichtungen anzubauen, um die Wiederansiedlung von Wanderfischen zu ermöglichen. Allerdings könnte der fortschreitende Klimawandel alle diese menschlichen Bemühungen sehr rasch ad absurdum führen, da gerade die heringsartigen Fische in Europa abhängig sind von ausreichend großen sauerstoffreichen und gut zugänglichen Ästuarien (Flussmündungen), in denen sie in den Monaten Mai und Juni ihrem Laichgeschäft nachgehen können. Wird das Klima wärmer, könnte es passieren, dass ihre Laichgewässer bei sinkenden Pegelständen nicht mehr genügend Süßwasser führen, so dass sie nicht mehr zur Fortpflanzung schreiten können. Zum gegenwärtigen Zeitpunkt scheinen Fänge dieser einst häufigen Heringsart immer seltener zu werden. Und es wäre nicht weiter verwunderlich, wenn die Finte in absehbarer Zeit ganz aus der Deutschen Bucht verschwunden ist. Ob sie dann auch aus der südlichen Ostsee verschwindet ist unklar. Aber auch hier ist sie bereits heute (2020) eher selten geworden.

Der **Hering** ist ein pelagischer Schwarmfisch, der immer in Bewegung ist. Er wird
maximal etwa 40 Zentimeter lang und kann bis zu 25 Jahre alt werden. In der Natur
jagen sie bathypelagisch lebende Copepoden, denen sie bei ihren Wanderungen im
Tag-Nacht-Rhythmus von der Oberfläche in tiefere Regionen folgen. Beim
Wiederaufstieg aus der Tiefe müssen die Heringe dann kleine Gasblasen aus ihrer
Schwimmblase ausatmen, damit der Druckunterschied sie nicht zerreißt. Diese
Bläschen verursachen ein Blubbern an der Wasseroberfläche, an welchem die
Fischer früher die Heringsschwärme ausmachten. Heringe sind ausgezeichnete
Speisefische, deren Hauptvorteil darin liegt, dass man sie auf vielfältige Weise
zubereiten oder haltbar machen kann. Die Überfischung von Heringsbeständen hat
dazu geführt, dass sich die Futterkonkurrenten des Herings wie die **Sardine
*Sardina pilchardus*** und **Sprotte *Sprattus sprattus*** stärker vermehren. Die
Jungtiere des Herings kann man während der Sommermonate etwa ab Mai auch in
Küstennähe und in kleinen Häfen antreffen. Während des Hochsommers kann es
dann auch schon mal passieren, dass sich ein ganzer Schwarm ausgewachsener
Heringe in einen Hafen verirrt. Heringe benötigen für die Abwicklung ihrer
Lebens- und Fortpflanzungszyklen Temperaturbereiche zwischen 1° und 18°
Celsius. Steigt die Temperatur in der südlichen Nordsee zu stark an, dürfte dieses
mittel- bis langfristig zum völligen Verschwinden dieser kommerziell wichtigen
Fischart aus diesem Meeresareal führen. Denn dass der Hering sich kurzfristig an
dauerhaft zu hohe Temperaturen gewöhnt, dürfte sehr unwahrscheinlich sein.

Die **Sprotte** ist die kleinste der heringsartigen Fischarten der Nordsee. Sie erreicht nur eine Länge von etwa zehn Zentimetern. Man findet die Sprotte in einem sehr großen Verbreitungsgebiet, welches im Norden bei den norwegischen Lofoten beginnt, sich entlang der westlichen britischen Küsten erstreckt und von dort bis nach Marokko, zur Adria und sogar bis ins Schwarze Meer ausdehnt. Sprotten werden von den Krabbenfängern in den Sommermonaten relativ häufig gefangen, aber dann meist als unerwünschter Beifang entsorgt. Sie eignen sich auch hervorragend als Fischfutter oder Angelköder. In der Ostsee werden sie auch kommerziell gefangen und zu Räucherfisch verarbeitet. Wie alle Heringsfische sind sie sehr empfindlich gegen den Verlust einzelner Schuppen und können deshalb leider nicht lebend für aquaristische Zwecke angelandet werden. Große Sprotten und kleine Heringe sehen sich auf den ersten Blick ähnlich, doch haben Sprotten am Kiel ihres Bauches spitz hervorstehende Schuppen, was man bei toten Exemplaren vorsichtig erfühlen und dann auch sehen kann. Auch ist ihr Körper insgesamt betrachtet etwas hochrückiger und gedrungener. Aufgrund des sehr großen Verbreitungsgebietes der Sprotte dürfte diese von einer Erwärmung der südlichen Nordsee stark profitieren, denn dadurch wird ihr größter Nahrungskonkurrent, nämlich der Hering, sehr wahrscheinlich eher das Feld räumen müssen. Und da man die Sprotte mit zu den mediterranen Fischarten zählen kann, dürfte ihr die Anpassung an höhere Temperaturen kaum weitere Probleme bereiten. Somit wird die Sprotte einer der Gewinner des Klimawandels sein.

Die **Sardine** ist ein häufiger Schwarmfisch, den man im Mittelmeer, im Ostatlantik und in der südlichen Nordsee antreffen kann. Sardinen erreichen eine Länge von etwa 25 Zentimetern und können von den anderen Heringsfischen ihres Verbreitungsgebietes leicht unterschieden werden. Denn ihr Körperbau ist bei guter Ernährungslage sehr stämmig und dicklich, sie weisen markante kleine schwarze Pünktchen auf den Seiten auf und haben außerdem ein charakteristisches sternförmiges Muster auf den großen Kiemendeckeln. Außerdem haben sie relativ große Schuppen, wobei sie etwa dreißig Schuppen in der Seitenlinie aufweisen. Sardinen lieben wärmeres Wasser, weshalb man sie in der Nordsee nur bei entsprechend gestiegenen Temperaturen antrifft. Im Frühjahr wandern sie vom Ärmelkanal kommend Richtung Skagerrak, im Herbst kehren sie dann wieder in den Süden zurück. Dieses Wanderverhalten hängt mit ihrer Fortpflanzung und mit der Vermehrung des Planktons im Frühling zusammen. Infolge der Erwärmung der Nordsee ist damit zu rechnen, dass Sardinen hier künftig häufiger von den Kuttern gefangen werden. Es wäre sogar denkbar, dass sie gemeinsam mit den Sprotten die letzten Heringe aus der südlichen Nordsee völlig verdrängen könnten.

Die **Sardelle** erreicht eine maximale Länge von etwa 20 Zentimetern, doch bleibt sie meist etwas kleiner. Ähnlich den Sardinen gehören Sardellen zu den wärmeliebenden Arten, die ihren Hauptverbreitungsschwerpunkt im Mittelmeer und im Ostatlantik südlich des Ärmelkanals haben. Bei entsprechenden Wassertemperaturen und bei einem guten planktonischen Nahrungsangebot ziehen sie dann im Frühjahr ab April Richtung Norden, wobei sie im Ausnahmefall auch das Skagerrak, die dänische Beltsee und schottische Gewässer erreichen können. Vor noch nicht einmal zwanzig Jahren kamen sie im Frühling so häufig in der südlichen Nordsee vor, dass man sich in manchen Häfen sogar auf ihre industrielle Verarbeitung eingerichtet hatte. Inzwischen werden sie jedoch nur noch ausnahmsweise angelandet, wobei die angelandeten Mengen eine industrielle Weiterverarbeitung nicht rechtfertigen. Sardellen haben wohlschmeckendes, aber leider sehr salziges Fleisch, was sie als Fischfutter weitgehend ungeeignet macht. Frische Exemplare haben ein stahlblaues leuchtendes Schuppenkleid (siehe Bild oben). In Europa gibt es diverse lokale Rassen der Sardelle und weltweit soll es ungefähr 140 verschiedene Arten geben. Das hier abgebildete Exemplar wurde im April 2014 vor der Insel Juist von einem norddeicher Kutter gefangen. Insgesamt landeten hier mehrere Kutter in dieser Saison einige hundert Sardellen an. Ähnlich sah die Situation auch im Frühjahr 2015 aus, da der vorangegangene Winter sehr warm war. Gleichzeitig fingen die Kutter auch vereinzelt den **Ährenfisch *Atherina presbyter***, der ebenfalls ab April aus Richtung Ärmelkanal in nördlichere Gefilde vorstößt. In der Rückschau muss man sagen, dass diese Tiere viel zu früh Richtung Norden wanderten, was die These der zu raschen Klimaerwärmung eindeutig stützt. Solche nicht mehr vorhersehbaren Wanderungen kommerziell nutzbarer Fischarten liefern uns einen Hinweis darauf, dass bereits heutzutage (2020) chaotische und anarchische Zustände in der Fauna der südlichen Nordsee herrschen.

Der **Gemeine Ährenfisch** ist ein häufiger Schwarmfisch, der in Küstennähe lebt und etwa 20 Zentimeter Gesamtlänge erreicht. Man kennt diese Fische auch aus mediterranen und nordafrikanischen Gewässern, weshalb man sie als subtropische Art eingestuft hat. Wegen seiner schräg im Wasser stehenden Haltung wird er auch als **Priesterfisch** bezeichnet, da er in dieser Haltung einen nach oben „betenden" Eindruck hinterlassen kann. Diese Fische stehen jedoch nur deshalb schräg im freien Wasser, um auf kleine Krebse zu lauern. Die Hauptpopulation dieser Art laicht im Ärmelkanal ab, wo sie ihre 2 Millimeter großen Eier an Seegras und Algen anheften. Später wandern die Ährenfische dann in Richtung Norden weiter, wo sie sogar das Kattegatt und die dänische Beltsee erreichen können. Dabei dringen sie manchmal auch in Ästuarien und Häfen ein, um hier Jagd auf kleine Krebse und die Larven anderer Fische zu machen. Im Mittelmeer kann man sie häufig bereits im Flachwasserbereich antreffen. In der Nordsee werden sie im Frühjahr ab März je nach Verlauf des vorigen Winters gelegentlich als Beifang der Krabbenfischerei angelandet, sind aber wirtschaftlich unbedeutend. Im späten Herbst 2019 landeten einige Fischer Exemplare von etwa 10 Zentimetern Länge an, was auf eine immer längere Verweildauer in der Deutschen Bucht hinweist.

Die **Meerforelle** ist die Salzwasservariante unserer **Bachforelle**. Im Höchstfall kann die Meerforelle 140 Zentimeter lang werden und ein Gewicht von 10-15 Kilogramm erreichen. Forellen gibt es vom Baltikum bis zum Mittel- und Schwarzen Meer in Süßwasser-, Meerwasser- und Wanderbeständen. Auch gibt es Populationen in Flüssen, die nicht ins Meer wandern. Die Meerforelle ist eine **anadrome Wanderform,** die im Meer lebt und wie der **Lachs** *Salmo salar* in den Kiesbetten der Flüsse laicht. Für solche Tiere ist Überfischung kein Problem, da sie in der Lage sind, Fischfang durch Unmengen von Nachwuchs auszugleichen. In der Hauptsache werden die Bestände anadromer Fische durch das Verbauen der Laichwege und durch die Verschmutzung und Zerstörung der Laichgewässer gefährdet. Auch Pestizideinträge durch die Landwirtschaft können sich fatal auswirken. Glücklicherweise werden Forellen (auch Meerforellen), bereits in großer Zahl in Aquakulturen gezüchtet, so dass die Art als solche nicht unmittelbar bedroht ist. Trotzdem sollte alles dafür getan werden, um die wildlebenden Bestände dieser Art zu erhalten. Ein weiteres Problem ist es, dass Forellen in der Vergangenheit auch in andere Erdteile verbracht wurden, um sie dort für den Menschen nutzbar zu machen. Dadurch kam es in den betroffenen Gebieten zu massiven Faunenverfälschungen und Ökoschäden, da Forellen als aktive Raubfische die endemische Fauna erheblich beeinträchtigten. Vom Klimawandel scheint die Meerforelle vorerst nicht bedroht zu sein, da sie auch im Mittelmeer und im Schwarzen Meer zu finden ist. Allerdings könnten lokale Rassen dieser Art verschwinden und weitgehend unbemerkt durch andere ersetzt werden.

Der **Atlantische Lachs** kann eine Länge von bis zu einem Meter fünfzig und ein Gewicht von etwa 45 Kilogramm erreichen. Er war ursprünglich weit verbreitet und in allen größeren Flüssen Nordeuropas regelmäßig anzutreffen. Lachse sind anadrome Wanderfische, welche zum Ablaichen aus dem Meer in die Flüsse aufsteigen, um in deren kleineren Seitenarmen und Bächen für Nachwuchs zu sorgen. Noch im 19. Jahrhundert waren Lachse so häufig, dass etwa in den Arbeitsverträgen von Kölner Angestellten zu lesen war, dass diese nicht mehr als fünfmal pro Woche Lachs essen mussten. Durch industrielle Wasserverschmutzung und das Verbauen der Laichwege wurde der Lachs fast völlig ausgerottet, doch gelang die Arterhaltung in Aquakulturen. Inzwischen hat man damit begonnen, Brütlinge dank gestiegener Wasserqualitäten in den großen Flüssen Rhein und Elbe wieder auszusetzen, und erste Erfolge in Form von zum Laichen aufgestiegener adulter Lachse wurden bereits registriert. Hierfür musste man an vielen Stellen spezielle Fischtreppen installieren, um den Lachsen den Aufstieg in ihre Laichgewässer zu ermöglichen. Es wird jedoch noch viele Jahre dauern, bis sich Populationen etabliert haben, die sich ohne menschliches Zutun von selbst erhalten können. Alle diese ehrlich gemeinten Bemühungen werden jedoch dem Klimawandel zum Opfer fallen, denn subarktische Fischarten wie der Lachs können sommerliche Temperaturen von bis zu 28° Celsius (wie im Hitzejahr 2018 im Rhein gemessen) mit Sicherheit weder tolerieren noch sich daran anpassen. Denn auch der Lachs gehört zum subarktischen Faunenkreis und wird bei solcherlei Temperaturbedingungen bald völlig aus unseren Breiten verschwunden sein…

Der **Stint** ist ein kleiner Küstenfisch, der maximal 35 Zentimeter Länge erreichen kann. Er ist an Nord- und Ostsee weit verbreitet, und als Folge der letzten Eiszeit gibt es auch einige reine Süßwasserbestände in verschiedenen Seen. Frisch gefangene Stinte riechen nach frischer Gurke, was diese Fische unverwechselbar macht. Stinte können etwa 6 Jahre alt werden und werden im Meer etwa mit 3-4 Jahren geschlechtsreif, im Süßwasser bereits mit 1-2 Jahren. Stinte sind häufige anadrome Schwarmfische, die zum Ablaichen von März bis Mai in die Flussmündungen einwandern und hier auf sandigen und kiesigen Flächen ablaichen. Sie sind durch Gewässerregulierungsmaßnahmen des Menschen nicht oder kaum betroffen worden wie andere Wanderfische, weil sie in den Ästuarien und nicht in den kleinen Zubringerflüssen ablaichen. Fast der gesamte Bauchraum des Stintweibchens ist dann voller Eier. Ein Weibchen kann bis zu 50.000 gelbliche Eier von etwa 0,6 - 0,9mm Durchmesser ablegen, aus denen nach 3-5 Wochen die Brut schlüpft. Stinte werden lokal befischt und vor Ort als Spezialität vermarktet. Nach einem strengen Winter kann es vorkommen, dass ihre Laichwanderung sich um einige Wochen nach hinten verschiebt, so dass die Fischer leer ausgehen. Inzwischen ist es jedoch so, dass sich die Stinte in jüngerer Zeit deshalb in den Flussmündungen rar machten, weil zu stark gestiegene Wassertemperaturen für eine zu geringe Sättigung des Wassers mit Sauerstoff sorgten. An einigen Orten scheint dieses Phänomen im Kontext von Gewässerregulierungsmaßnahmen aufgetreten zu sein. Oft verursachen mehrere Gründe das Verschwinden von Arten.

Der **Wittling** oder **Merlan** ist ein kleiner Verwandter des Dorsches, der etwa 70 Zentimeter Länge erreichen kann. Der Wittling ist an den nordeuropäischen Küsten, in der Adria, in der Ägäis und im Schwarzen Meer weit verbreitet, und wird an unseren Küsten von Krabbenkuttern meistens beim Einholen der Netze mitgefangen, da Wittlinge sich oft auch in Oberflächennähe aufhalten. Lokal gelten sie als Spezialität und werden auch von den entsprechenden Restaurants nach örtlichen Rezepten zubereitet. Sie haben gutes Fleisch und gehören zu den besten Speisefischen des nordatlantischen Raumes. Vor allem in Frankreich werden sie als Merlan vermarktet, was zu einiger Verwirrung hinsichtlich ihres deutschen Namens führen kann, doch sind sowohl die Bezeichnung Wittling als auch der Name Merlan korrekt. Junge Wittlinge schützen sich vor Fressfeinden, in dem sie sich zwischen den nesselnden Tentakeln von Quallen aufhalten. Offensichtlich besitzen sie, ähnlich wie die tropischen Anemonenfische, einen natürlichen Nesselschutz in ihrer Haut, der sie vor dem Gift der Meduse schützt. Wittlinge ernähren sich von kleinen Krebsen und Fischbruten, die sie in Küstennähe erbeuten. Des Weiteren fressen sie aber auch die pflanzenähnlichen Kolonien von **Hydroidpolypen**, wie ich bei einer Untersuchung des Mageninhaltes toter Exemplare festgestellt habe. Es ist sehr wahrscheinlich, dass der Wittling aufgrund seines natürlichen Verbreitungsgebietes mit zu den Gewinnern des Klimawandels gehören dürfte. Denn wenn der Dorsch erst nach Norden fortgezogen ist, dann hat er gleichzeitig einen Fressfeind und einen Nahrungskonkurrenten weniger.

Der **Kabeljau** oder **Dorsch** ist ein bis zu 1,50 Meter langer Raubfisch, der 40 Kilogramm schwer werden kann. Er ist ein sehr wichtiger Speisefisch, der sich zwischen 5 und 600m Tiefe aufhält. Dabei kann man ihn sowohl in Bodennähe als auch freischwimmend im offenen Meer antreffen. Er ist ein Räuber, der andere Fische, Krebse und Muscheln erbeutet. Der Kabeljau ist kein echter Schwarmfisch, kommt aber manchmal in großer Anzahl vor, wenn genug Nahrung vorhanden ist. Es gibt mehrere verschiedene Populationen, die sich in bestimmten Gebieten aufhalten und ablaichen. Im Ostseeraum werden übrigens die noch nicht geschlechtsreifen Tiere als Dorsch, die anderen als Kabeljau bezeichnet. Diese Sprachregelung hat ziemlich viel Verwirrung gestiftet, so dass manche inzwischen meinen, es handele sich um zwei verschiedene Fischarten. Da die Dorschbestände stark überfischt wurden, und Dorsche nur noch selten von Krabbenfängern als Beifang erbeutet werden (was früher etwas anders war), könnte es tatsächlich passieren, dass Dorsche eines Tages auf der Roten Liste der bedrohten Tierarten stehen. Ein weiteres Problem für den Dorsch ist, dass die fortschreitende Klimaerwärmung ihn immer weiter nach Norden abdrängt, da er zu den arktischen Fischarten gehört, die sich am liebsten in Temperaturbereichen zwischen 2° und 10° Celsius aufhalten. Somit sind die Fischtrawler dazu gezwungen, immer weiter in den Norden zu fahren, um überhaupt noch Kabeljaue zu fangen. In der südlichen Nordsee wird die Art seit den 2010er Jahren nur noch sporadisch gefangen.

Der **Seelachs** oder auch **Köhler** kann bis zu 130 Zentimeter Länge erreichen und hält sich meist in Tiefen bis zu 250 Metern auf. Er wird erst im Alter von 5 bis 10 Jahren geschlechtsreif. Wenn die Seelachse ihre Laichgebiete nördlich von Großbritannien und vor der norwegischen Küste erreicht haben, laichen sie bei Wassertemperaturen von 6° bis 8° Celsius in Tiefen von 200 Metern ab. Die Jungfische leben dann bis zu 3 Jahre in der Nähe der Küsten, wo sie sich überwiegend von kleinen Krebstieren und Fischbruten ernähren. Erst dann wandern sie selbst in größere Tiefen ab. Der Seelachs ist ein arktisch orientierter Fisch, der vor allem in der nördlichen Nordsee angetroffen und gefangen wird. Der Name des Seelachses ist irreführend, denn er ist nicht mit den Lachsen verwandt, sondern gehört zur Familie der Dorsche. Der Seelachs ist einer der wirtschaftlich wichtigsten Speisefische der Nordsee, denn er hat qualitativ hochwertiges Fleisch. Seelachse sind noch nicht so stark von der Überfischung betroffen wie andere Fischarten, da sie sehr hohe Reproduktionsraten haben, um ihre Bestandsverluste wieder auszugleichen. Schon jetzt ist der Seelachs in der südlichen Nordsee zum seltenen Ausnahmefisch geworden; in absehbarer Zeit wird er hier gar nicht mehr zu aufzufinden sein. So zeichnen die seltenen Fänge dieser Art wie etwa der eines Einzelexemplars durch die norddeicher Krabbenfischer im November 2019 ein sehr schizophrenes Bild der Nordseefauna. Denn dieses deutet darauf hin, dass in diesem kleinen Teil des Weltmeeres offenbar nichts mehr so ist, wie es eigentlich sein sollte…

Der **Franzosendorsch** gehört mit einer Endgröße von bis zu 45 Zentimetern zu den kleineren Dorscharten, und wird daher als Speisefisch nur in mediterranen Ländern genutzt, während die Nordeuropäer ihn als Beifang eher zu Fischmehl verarbeiten. Er kommt in der Nordsee, um England und Irland herum, sowie im westlichen Mittelmeer vor und gehört in der Nordsee zu den etwas selteneren Dorscharten. Der Franzosendorsch lebt ebenfalls bodenorientiert und frisst hauptsächlich Garnelen, kleine Krebse, kleine Tintenfische und kleine Fische. Jungtiere halten sich oft in Ufernähe über Sandgrund auf, während Alttiere sich in größeren Tiefen bis zu 100 Metern aufhalten. Dabei bevorzugen sie besonders geschützte Plätze wie Felsenriffe und Schiffswracks. Franzosendorsche werden bereits im Alter von ein bis zwei Jahren geschlechtsreif und laichen dann im Winter südwestlich von den Britischen Inseln und im Mittelmeer ab. Früher wurden Franzosendorsche in der südlichen Nordsee als regulärer Beifang von den Krabbenfischern gefangen, heutzutage werden sie nur noch selten mitangelandet. Darüber hinaus ließen sich die Jungtiere des Franzosendorsches etwa bis zum Beginn der 2000er Jahre auf manchen ostfriesischen Inseln (insbesondere auf Borkum) während des Sommers auch mit Senknetzen in der Nähe von Buhnen oder Kaimauern fangen. Inzwischen sind sie auch hier absent geworden. Eine Folge des Klimawandels?

Die **Quappe** oder auch **Rutte** ist die einzige bekannte Art aus der Verwandtschaft der Dorschartigen, welche auch im reinen Süßwasser leben und sich vermehren kann. Man findet sie circumarktisch, vor allem auch in den gebirgigen Regionen Europas, Nordamerikas und Asiens. Die Quappe kann maximal etwa 150 Zentimeter lang werden, ist aber meist eher um die 40 Zentimeter lang. Man findet sie überwiegend im Süßwasser, aber stellenweise auch im Brackwasser von Flussmündungen. In Europa kann man sie etwa in der Mündung der Oder, im Rhone-Delta oder auch in der Mündung der Loire auffinden. Vor allem im Winter kann man sie aufgrund ihrer Laichwanderungen in Flussmündungen antreffen, was sich vor allem Sportangler zunutze machen. Wegen ihres Kältebedarfes kann man diese Art im Sommer kaum antreffen, dafür dann aber im Winter oder in großen Tiefen. Denn die Quappe kann sich auch in Tiefenbereiche von 700 Metern zurückziehen, wodurch es sehr schwierig wird, ihre Populationen zu überwachen oder nachzuweisen. Lokal sind die Bestände der Quappe vielerorts rückläufig, was an Umweltverschmutzung, Klimawandel und Überfischung liegen könnte. Deshalb werden Quappen auch lokal nachgezüchtet und in quappenarmen Gewässern ausgesetzt. Mit fortschreitender Klimaerwärmung auf der Nordhalbkugel der Erde ist damit zu rechnen, dass von dieser einst weit verbreiteten und häufigen Art nur kleine Reliktbestände in extrem abgelegenen Habitaten übrig bleiben werden. Wie etwa im Ural, in Sibirien oder in Alaska.

Die **Fünfbärtelige Seequappe** besitzt fünf Barteln, wovon eine auf dem Unterkiefer sitzt, die anderen dagegen auf dem Oberkiefer. Mit diesen Tastorganen spüren sie kleine Beutetiere auf. Dieser Fisch erreicht eine maximale Körperlänge von etwa 25 Zentimetern und ist damit wirtschaftlich unbedeutend. Sie lebt im Flachwasserbereich zwischen Algenbeständen bis in etwa 20 Meter Tiefe und ist ein regelmäßiger Beifang der Krabbenfischerei. Ihre Farbe ist bronzefarben, ihre Schuppen sind sehr klein, und daher macht sie insgesamt eher einen aalartigen Eindruck, der durch ihre schlängelnde Schwimmweise noch verstärkt wird. Ihrem Laichgeschäft gehen die adulten Quappen mitten im Winter nach, wo sie in Tiefen deutlich unterhalb der Gezeitenmarke ablaichen. Sie sind schnelle Schwimmer, und man kann ihre Jungtiere mit dem Rahmenkescher am besten fangen, indem man ihn im Sommer einfach schnell durch ein Algenfeld zieht. Man findet diese meistens in Beständen des Meersalates. Im Flachwasserbereich findet man im Sommer meistens 5-6 Zentimeter lange Jungtiere, die etwas an Kaulquappen erinnern. Ihre Jungtiere vertragen höhere Temperaturen deutlich besser als adulte Exemplare. Denn aufgrund von Aquarien- und Freilandbeobachtungen kann ich sagen, dass adulte Seequappen im 20° Celsius warmem Seewasser innerhalb von Stunden oder Tagen ableben. Somit könnten auch diese eigentlich häufigen Fische künftig selten werden oder aussterben. Zurzeit (2018-2020) konnte ich einen leichten Rückgang dieser Art im Beifang beobachten.

Die **Vierbärtelige Seequappe** kann eine Länge von etwa 40 Zentimetern erreichen und ist im Nordatlantik weit verbreitet, denn man findet sie auch auf der westlichen Seite des Atlantiks von Neufundland über Grönland und Island bis nach Norwegen, Großbritannien sowie in der gesamten Nord- und Ostsee. Sie gehört eher zu den arktischen Arten und bevorzugt kaltes Wasser. Wie ihr Name es bereits verrät, besitzt sie insgesamt vier Bartfäden, von denen drei auf dem Oberkiefer und einer auf dem Unterkiefer sitzen. Man findet sie ab Tiefen von 20 Metern bis in Tiefen von 650 Metern, wo sie auf weichen Substraten Krebse und Fischen jagt. Diese Quappe wird häufig als Beifang angelandet, doch wird sie als Speisefisch nicht genutzt. Die Vierbärtelige Seequappe ist im Aquarium gut und ausdauernd haltbar, doch gehört sie zu den nachtaktiven und lichtscheuen Fischen, weshalb es schwer ist, sie überhaupt einmal zu Gesicht zu bekommen. Etwa seit dem Jahr 2016 fiel sie mir etwas häufiger im Beifang der norddeicher Kutter auf, während die Fünfbärtelige Seequappe weniger oft gefangen wurde. Ob der Klimawandel für diesen Trend verantwortlich zu machen ist, ist zurzeit leider noch unklar.

Man findet diese interessante Art von den norwegischen Fjorden im Norden bis hin zu den nordafrikanischen Gewässern, im gesamten Mittelmeer und gelegentlich auch im Schwarzen Meer. In Nordafrika ist dieser wichtige Speisefisch auch als „*Merluzza*" bekannt und wird auch unter diesem Namen angeboten und vermarktet. Der **Seehecht** ist ein sehr beliebter Angel- und Speisefisch, der eine Größe von bis zu 140 Zentimetern erreichen kann. Man findet ihn in Tiefenbereichen zwischen 30 und 1000 Metern, was darauf hindeutet, dass er zu den *bathypelagischen* Fischarten gehört, die in der freien Wassersäule des offenen Ozeans den Plankton- und Fischschwärmen folgen, von denen sie sich ernähren. Die Art wird auch kommerziell befischt und gerne von Meeresanglern geangelt, weshalb man sie auch regelmäßig in der einen oder anderen Form als Speisefisch angeboten bekommt. An den Küsten Nordafrikas kommt eine nahe verwandte Art vor, nämlich der **Senegalesische Seehecht** *Merluccius senegalensis*, der jedoch einen fast schwarzen Rücken besitzt. Diese Art trifft man auch vor den Küsten Marokkos häufig an. Sollten die Fänge von Seehechten sich in den nächsten Jahren in unseren Gewässern häufen, so wäre dies ein weiterer Beleg für die Verschiebung des nordafrikanischen Faunenanteils in Richtung Norden.

Mondfisch, *Mola mola* (Linnaeus, 1758)

Der **Mondfisch** ist ein Kosmopolit der
gemäßigten und tropischen Meere, der hin
und wieder auch in Nord- und Ostsee
auftaucht. Er ist ein Fisch der Rekorde,
denn er kann eine Länge von bis zu 3
Metern und ein Gewicht von bis zu 1500
Kilogramm erreichen. Darüber hinaus ist er
wahrscheinlich die produktivste Fischart
auf unserem Planeten überhaupt, denn ein
Weibchen kann bis zu dreihundert
Millionen Eier laichen. Mondfische kann
man von allen anderen Fischen an der
charakteristischen Schwanzflosse
unterscheiden, die eher wie ein senkrecht

verlaufender Flossensaum ausgebildet ist. Dadurch wirkt der Mondfisch optisch
wie ein halbierter Fisch. Die Larven des Mondfisches besitzen noch eine normale
Schwanzflosse und mehrere lange Stacheln, die sie gegen Fressfeinde schützen
sollen, doch sowohl Schwanzflosse als auch die Stacheln wandeln sich im Laufe
des Heranwachsens um oder sie werden zurückgebildet. Mondfische ernähren sich
von Medusen, Aallarven und den Larven von Tintenfischen, die sie mit ihrem
Papageienschnabel festhalten und sich dann einverleiben. Mondfische sind dafür
bekannt, langsam an der Oberfläche zu treiben, wobei sie ihre Rückenflosse häufig
aus dem Wasser ragen lassen und so langsam dahinsegeln. Bei dieser Gelegenheit
wurden Mondfische schon oft von Booten gerammt und konnten manchmal auch
eingefangen werden. Mondfische bekommt man leider nur in einigen wenigen
Großaquarien Europas lebend zu Gesicht, wie etwa in Lissabon. Etwa seit den
2000er Jahren sorgten jedoch gestrandete Mondfische immer wieder für
Schlagzeilen, wobei einige Exemplare sogar die Ostsee(!) erreicht hatten. Die
Häufung solcher Meldungen kann als Indiz dafür gewertet werden, dass die
Meerestemperatur ganzjährig betrachtet immer länger warm genug für die
Aufenthalte dieser eigentlich subtropischen Tiere geworden ist, die nun ihrer
Nahrung (Quallen) immer weiter in den Norden des Weltmeeres folgen.

Die **Dicklippige Meeräsche** kann bis zu 75 Zentimeter lang werden. Sie ist vom Mittelmeer bis in den Nordatlantik bei Island verbreitet, und kommt im Süden sogar an der atlantischen Küste Afrikas bis zum Äquator hin vor. Auch in Nord- und Ostsee ist sie vor allem im Sommerhalbjahr oft anzutreffen. Meeräschen sind fast die einzigen vegetarisch lebenden Fische an den europäischen Meeresküsten, die sich lediglich von Algen und Kleinpartikeln ernähren, die sie mit den Dornen in ihren Kiemen aus weichem Substrat filtern. Meeräschen laichen im Ärmelkanal und bei Irland ab, sowie im mediterranen Gebiet. Ihre Jungtiere wandern dann nach Norden, und erschließen sich in zunehmendem Maße die dortigen Küstenhabitate. Inzwischen verweilen die Bruten der Meeräschen immer länger in unseren Küstengewässern. So konnte ich im November 2019 mehrere 3 bis 4 Zentimeter große Exemplare im Flachwasser des Neßmersieler Watts nachweisen. Dieses ist ein eindeutiger Beweis dafür, dass die südliche Nordsee im Herbst und Winter bereits viel zu warm geworden ist, denn solche Fänge dürften zu dieser Jahreszeit im Flachwasser des Wattenmeeres eigentlich gar nicht mehr möglich sein. Und es belegt eindeutig, dass subtropische Fischarten nunmehr immer länger in unseren Breiten verweilen, solange sie hier die Faktoren Nahrung und Wärme vorfinden.

Der **Wolfsbarsch** oder **„Loup de Mer"** kann eine Länge von bis zu einem Meter bei einem Gewicht bis zu 12 Kilogramm erreichen. Er kommt von Island im Norden, um die Britischen Inseln herum, in der Nordsee, im Mittelmeer, im Schwarzen Meer und im Ostatlantik südlich bis nach Marokko vor. Dabei findet man ihn auch in Brack- und Süßwasser. Als typische Bewohner von Ästuarien und Lagunen machen die Jungtiere des Wolfsbarsches hier in kleinen Schulen Jagd auf Wirbellose und kleine Fische. Als erwachsene Tiere leben sie einzelgängerisch und wandern während des Winters in tiefere Zonen bis etwa 100 Meter Tiefe ab. Der Wolfsbarsch wird als geschätzter Speisefisch in Aquakulturen gehalten. Es ist außerdem bekannt, dass Wolfsbarsche sogar in warmen Abwasserteichen von Kraftwerken gehalten werden können. Wolfsbarsche sind Raubfische, die alles fressen, was in ihr Maul passt. Die Jungtiere des Wolfsbarsches kann man in den Sommermonaten sogar in den kleinen Häfen der südlichen Nordsee als oberflächenorientierte kleine Schwärme sichten. Man kann sie in einem Aquarium bei Zimmertemperatur pflegen, da sie gegen höhere Temperaturen als mediterrane Fische nicht empfindlich sind. In den letzten Jahren waren die Wolfsbarsche insbesondere in der südlichen Nordsee auf dem Vormarsch, was eindeutig mit der Erwärmung der Nordsee zusammenhängt. Diese hat sich in den letzten einhundert Jahren nachweislich um mindestens 2°Celsius im Jahresmittel erwärmt. Etwa seit den 2000er Jahren werden daher Wolfsbarsche nicht nur in allen Größen von den Krabbenfischern mitgefangen, sondern sie werden nunmehr auch auf den Ostfriesischen Inseln gezielt beangelt. Dabei sind bereits Exemplare von bis zu 70 Zentimetern Länge und mehr gefangen worden.

Der **Dreistachelige Stichling** wird maximal 11 Zentimeter lang. Man findet diesen universellen Fisch in Süß-, Brack- und Seewasser. Dabei trifft man ihn in Nordeuropa genauso an, wie im nordwestlichen Mittelmeer und im Schwarzen Meer. Stichlinge sind sehr anpassungsfähig, und man kann sie sogar langsam von Süß- auf Meerwasser umgewöhnen. Man findet den Dreistacheligen Stichling im Flachwasser, wo er als Jungfisch in großen Schwärmen auftritt. Adulte Dreistachler sind Einzelgänger. Eigentlich ist es ein Skandal, dass ein so häufiger Fisch wie der Dreistachelige Stichling auf zahlreichen Roten Listen als bedrohte Art geführt wird, denn man findet ihn sogar in Habitaten, die für andere Fischarten zu klein oder zu schmutzig sind. Doch leider sind seine Bestände vor allem im Binnenland rückläufig, was jedoch nicht für die Küstenstichlinge gilt. Die bei uns lebenden Stichlingsrassen halten Wärmeschübe im sommerlichen Watt nur kurzfristig aus. Bei einer dauerhaften Erwärmung verkürzt sich ihre Lebensdauer dramatisch. Sollten unsere einheimischen Morphen dieser Fischart eines warmen Tages „verschwunden" sein, so besteht trotzdem die Möglichkeit, dass wärmetolerante Morphen aus dem Süden nachrücken und diese ersetzen. Ein Verlust, den man dann nur noch durch molekulargenetische Untersuchungen belegen könnte.

Der **Seestichling**, der 14-18 Stacheln vor der Rückenflosse besitzt, kann Längen
bis zu 20 Zentimetern erreichen. Diese Art kommt nur im See- und Brackwasser
vor. Man findet sie im flachen Wasser zwischen Algen und Seegras, wo ihre
Jungtiere Schwärme bilden können. Beim Seestichling haben die Männchen
während der Fortpflanzungszeit eine gelbe Kehle und Bauchseite, während die
Weibchen bräunlich gefärbt sind. Bei allen Stichlingen bauen die Männchen Nester
aus Wasserpflanzen, in die sie das Weibchen zur Eiablage hineintreiben. Danach
werden die Weibchen vertrieben und das Männchen bewacht die Eier, bis die Brut
ausgeschlüpft ist. Der Seestichling gehört zu den Fischarten der gemäßigten
Klimazone, die empfindlich auf Wärme und Hitzewellen reagieren. Insofern ist es
sehr wahrscheinlich, dass sich diese Art künftig weiter in den Norden zurückzieht.

Das **Kurzschnauzige Seepferdchen** kommt an vielen südeuropäischen Küsten und vor allem im Mittelmeer vor, ist aber an nicht so vielen britischen Küsten zu finden und fehlt in Irland völlig. Es kann 15 Zentimeter Gesamtlänge erreichen. Der lateinisch-griechische Gattungsname "*Hippocampus*" bedeutet wörtlich übersetzt "**Pferderaupe**". Tatsächlich sehen Seepferdchen dem Springer eines Schachspiels sehr ähnlich, und in der Tat erinnert ihr Greifschwanz mit seinem Knochenpanzer an die Körpersegmente einer Raupe. Dass sie trotz ihres verknöcherten Äußeren so wendig und biegsam sind, ist wirklich erstaunlich. Eine Besonderheit ist es, dass die Weibchen kurz vor der Paarung regelrecht "erblassen" und so ihre Balzstimmung anzeigen. Dann legen sie mittels einer Legeröhre am Bauch ihre Eier in die Bruttasche des Männchens ab und lassen die Brut vom Männchen ausbrüten. Nach einigen Wochen schlüpfen dann hunderte fertig entwickelte Jungtiere aus der Bruttasche. Seepferdchen galten viele Jahre als in der Nordsee weitgehend ausgerottete Fische, erlebten aber Anfang der 2000er Jahre ein zartes Comeback, vor allem in der südlichen Nordsee. Hier werden gelegentlich einzelne Exemplare von den Krabbenfischern gefangen, von denen manche auch rötliche Farbtöne aufwiesen. Seepferdchen profitieren in jedem Fall von einer Erwärmung des Meerwassers in der südlichen Nordsee, sofern sich dadurch auch ihre Beutetiere, nämlich Kleinkrebse aller Art, reichlich vermehren können.

Die **Große Seenadel** ist ein recht großer Vertreter ihrer Familie und kann bis zu 50 Zentimeter Gesamtlänge erreichen. Sie ist sehr weit verbreitet, denn man findet sie sowohl bei den Färöer-Inseln, wo sie ihr nördlichstes Vorkommen hat, als auch um Großbritannien herum, vor den Küsten Norwegens, in der Nordsee, im Mittelmeer, im Schwarzen Meer, im gesamten Ostatlantik bis nach Südafrika und im Indischen Ozean bis nach Zululand an der südafrikanischen Küste entlang. Somit handelt es sich bei der Großen Seenadel schon fast um einen Kosmopoliten. Die Große Seenadel bewohnt Habitate mit Algenbeständen, doch ist sie nicht ganz so produktiv, da sie nur bis zu 200 Eier legt. Auch bei der Großen Seenadel übernimmt das Männchen das Brutgeschäft und trägt die Brut aus. Die Große Seenadel ist bei guter Fütterung dauerhaft haltbar, und eine Haltungsdauer von bis zu 6 Jahren kann ich aufgrund persönlicher Mitteilungen bestätigen. Anfang der 1980er Jahre war bereits der Trend erkennbar, dass die Große Seenadel immer seltener von den Krabbenkuttern als Beifang gefangen wurde. Doch in jüngerer Zeit, also etwa seit den 2010er Jahren, scheinen sie wieder etwas häufiger im Beifang zu landen als früher. Das könnte zum einen im Zusammenhang mit den gestiegenen Temperaturen in der südlichen Nordsee stehen, könnte zum anderen aber auch eine Folge von Schutzmaßnahmen sein. Außerdem fischen Krabbenfischer nur sehr ungern in Seetangbeständen, so dass vermehrte Fänge von Seenadeln in jüngerer Zeit auch auf „Verzweiflungstaten" der Fischer hinweisen könnten. In jedem Fall profitieren diese possierlichen und grazilen Geschöpfe von der Klimaerwärmung und werden daher künftig immer weiter gen Norden vordringen können. Prämisse hierfür ist jedoch, dass sie immer genügend Nahrung in Form verschiedenster Kleinkrebse vorfinden.

Die **Kleine Seenadel** kann eine Länge bis zu 20 Zentimetern erreichen und kommt in der Nord- und Ostsee vor. Sie hält sich meist in geringen Tiefen von der Flachwasserzone bis in etwa 20 Meter Tiefe auf. Die Kleine Seenadel ist einer der häufigsten Vertreter ihrer Familie und kann häufig in der Nähe von Algen angetroffen werden. Aufgrund ihrer grünbräunlichen Färbung kann man sie von oben durch die Wasseroberfläche meist nicht sehen, und man fängt sie mit dem Rahmenkescher eher zufällig. Auch kann man sie in Hafenbecken mit dem beköderten Senknetz fangen, da sie sich von dem Geruch frischer Beutetiere anlocken lässt. Die Art kann im Aquarium bei entsprechend guter Fütterung mit Lebendfutter gehalten und auch nachgezüchtet werden. Das kleine Foto zeigt ein Männchen, welches am deutlich verbreiterten Bauch zu erkennen ist. Hier bildet sich eine Bruttasche, in welche das Weibchen die Eier legt, welche dann vom Männchen befruchtet und ausgetragen werden, bis die voll entwickelten jungen Seenadeln ausschlüpfen. Das hier gezeigte Exemplar wurde im Juni aufgefunden und stand kurz vor dem Freisetzen der lebenden Jungtiere. Diese haben beim Schlupf eine Körperlänge von etwa 10 Millimetern. Diese Seenadel profitiert von der Erwärmung des Meerwassers, weshalb man sie dann im Spätherbst auch immer länger, oft bis in den November hinein, im Flachwasser antreffen kann.

Die **Große Schlangennadel** erreicht im weiblichen Geschlecht eine Länge von 60 und im männlichen Geschlecht etwa 40 Zentimetern. Sie ist weit verbreitet, und kann von den Küsten Islands und Norwegens bis zu den Azoren gefunden werden. Sie kommt auch in Nordsee und Ostsee vor, wo sie auch im Brackwasser anzutreffen ist. Schlangenadeln besitzen weder Brustflossen noch haben sie eine Schwanzflosse. Sie sind typische Bewohner der Algenzone, und da die Fischer mit ihren Netzen nicht gerne Algenbestände mit einsammeln wollen, landen sie nur selten im Beifang. Schlangennadeln wiegen sich typischerweise zwischen den Algen in der Strömung hin und her und hoffen darauf, dass ihnen kleine Krebstiere oder Fischbruten direkt vor das Maul schwimmen. Diese werden dann durch ein geschicktes Umlegen des Zungenbeines durch den entstehenden Unterdruck regelrecht einpipettiert. Schlangennadeln sind produktive Tiere, die bis zu 1.000 Eier pro Brut austragen können. Auch bei ihnen tragen die Männchen die Brut aus, und zwar in einer zweiteiligen Bruttasche, die sie unter dem Körper tragen. Nach einigen Wochen werden dann die kleinen Schlangennadeln lebend geboren und in die Freiheit entlassen. Waren Große Schlangennadeln in den 1980er Jahren eher rückläufig, so werden sie nunmehr ähnlich der Großen Seenadel wieder etwas häufiger gefangen. Das könnte auch ein Indiz gestiegener Meerestemperaturen sein, da die Wärme auch die Entwicklung mancher Fischbruten in Abhängigkeit von den Vermehrungsraten des Planktons enorm beschleunigen kann.

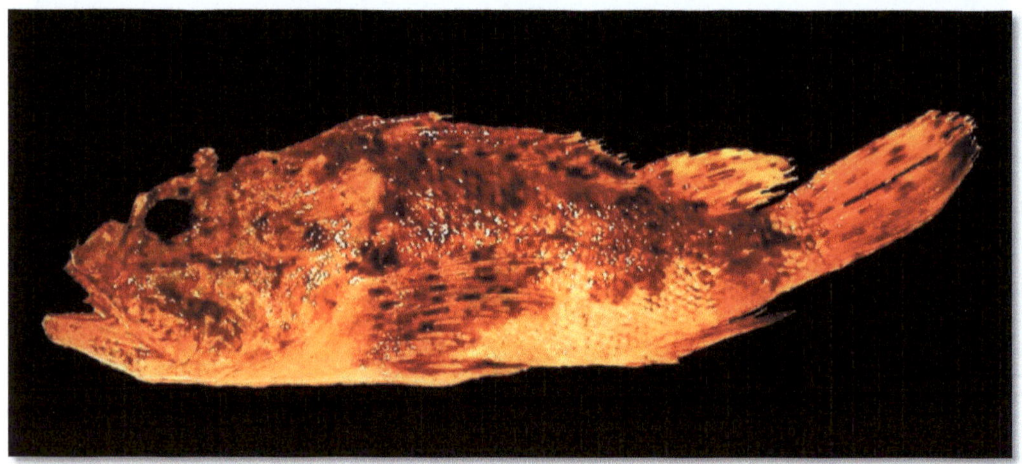

Die **Europäische Meersau** ist ein typischer Drachenkopf, den man im gesamten Mittelmeer, an den nordafrikanischen Küsten des Atlantiks, an den südwestlichen Küsten der britischen Inseln und seltener auch im Ärmelkanal antreffen kann. Dabei halten sich die Tiere in Tiefen zwischen 5 und 200 Metern auf. Die Art erreicht eine Größe von bis zu 50 Zentimetern und ist deshalb trotz ihrer Giftigkeit in mediterranen Ländern ein geschätzter Speisefisch, der vor allem in der traditionellen ***Bouillabaisse*** der Südfranzosen nicht fehlen darf. Von anderen Arten der Gattung kann man die Meersau anhand der Hautanhängsel unter dem Unterkiefer und des kleinen pinselartigen Hautbüschels über dem Auge unterscheiden. Die Europäische Meersau besitzt giftige Flossen- und Kiemendeckelstacheln. Es sei darauf hingewiesen, dass die Meersau als giftigste Art der europäischen Drachenköpfe gilt, und dass ihr Gift auch nach dem Ableben des Tieres noch wirksam ist. Kindern und Allergikern droht nach einem Stich Lebensgefahr, weshalb ein respektvoller Umgang mit dieser Art immer nötig ist. Die Europäische Meersau hält sich gerne auf felsigen Substraten oder assoziiert zu Riffen auf, wobei sie oft exponierter Aussichtsplätze besetzt. Hier lauert sie auf kleine unvorsichtige Fische und Garnelen, die blitzschnell eingeschlürft werden, wenn sie dem Maul des Räubers zu nahekommen. Bei einer zunehmenden Erwärmung der Nordsee ist damit zu rechnen, dass sich Arten wie die Europäische Meersau dauerhaft auf den Müllriffen in der südlichen Nordsee fest etablieren könnten und so zu einem regulären Beifangtier unserer Krabbenfischerei werden.

Das farblich sehr attraktive **Blaumaul** ist eigentlich ein Bewohner tieferer Areale
des Kontinentalschelfes, denn es wird gewöhnlich in Tiefen zwischen 50 und mehr
als 1000 Metern gefunden. Bisher kannte man diese Art von Norwegen, den
westlichen britischen Inseln und auch von afrikanischen Küsten. Dieser
barschartige Fisch kann maximal etwa 50 Zentimeter lang werden und gehört zu
den Rotbarschen und Drachenköpfen. Und wie die letzteren besitzt auch das
Blaumaul giftige Flossen und Kiemendeckelstacheln. Im November 2019 tauchte
ein einzelnes Exemplar von etwa 10 Zentimetern Länge im Beifang eines
norddeicher Fischers auf; im März 2020 wurden dann noch mehrere Exemplare
dieser Art von einem anderen Fischer gefangen. Ungewöhnlich daran war, dass alle
Fänge in flachem Wasser zwischen 5 und 20 Metern Tiefe erfolgten. Und dass
dieser Fisch vorher noch nicht aus der Deutschen Bucht bekannt war. Bis dahin
kannte man diese Fische eher aus dem Ärmelkanal oder aus den Fjorden
Norwegens. Daher kann man diese Art als exemplarisch dafür betrachten, dass die
Ichthyofauna des Ärmelkanals sich inklusive ihrer tief lebenden Fischarten nach
Norden verlagert. Dieses dürfte darin begründet liegen, dass Fische vor allem den
Wanderungen ihrer Beutetiere folgen, wie in diesem Fall etwa den Ährenfischen,
welche in diesem Zeitraum ebenfalls im Beifang auftauchten. Und diese wiederum
folgen den Wanderungen kleiner Krebstiere in der Wassersäule des Ozeans. Wobei
die stetige Erwärmung des Meerwassers deren rasche Vermehrung begünstigt.

Der **Seekuckuck** kommt von den westlichen britischen Inseln und der dänischen Beltsee im Norden bis zu den nordafrikanischen Küsten und im gesamten Mittelmeer vor. Er erreicht eine Endgröße von bis zu 70 Zentimetern und kann in Tiefen von etwa 15 bis 400 Metern angetroffen werden. Man kann ihn auf den ersten Blick leicht mit dem **Roten Knurrhahn** *Chelidonichthys lucernus* verwechseln, doch hat er im Gegensatz zu diesem niemals blaue Farbmuster auf den Brustflossen. Auch ist er vom Körperbau her länger und nicht so gedrungen wie der Rote Knurrhahn. Seine Färbung kann rötlich sein oder manchmal auch gelblich. Der Seekuckuck wird auch im deutschen Speisefischhandel angeboten. Er hat gutes, aber leider grätenreiches Fleisch. Oft kann man in frisch gefangenen Knurrhähnen auch noch unverdaute Beutetiere vom Meeresgrund finden, wie etwa Einsiedlerkrebse und Schwimmkrabben. Bisher hat man diese Art von der belgischen Küste nachgwiesen, es wäre allerdings denkbar, dass sie in absehbarer Zeit auch regelmäßig in der Deutschen Bucht auftaucht und sich dort mit einer Population dauerhaft etabliert. Knurrhähne sind Fische, welche ihrer Beute stetig folgen. Und da diese meist aus Sandgarnelen, Einsiedlern, Schwimmkrabben oder kleinen Fischen besteht, werden sie im Sommerhalbjahr häufig von den Kuttern als Beifang angelandet. Somit ist in absehbarer Zeit etwas häufiger mit dem Fang des Seekuckucks in der Deutschen Bucht zu rechnen.

Der **Rote Knurrhahn** kann eine Länge von bis zu 75 Zentimetern und ein Gewicht bis zu 6 Kilogramm erreichen. Er ist im Nordostatlantik weit verbreitet und kommt in der Nordsee, im Mittelmeer, im Schwarzen Meer und an der afrikanischen Küste bis zum mauretanischen Cape Blanc vor. Dieser Knurrhahn lebt bodenorientiert, wobei er kleinen Fischen, Krebsen und Weichtieren nachstellt, doch trifft man ihn auch freischwimmend im offenen Wasser an, wo er vor allem kleine Fische wie Sprotten, Sardinen und ähnliche jagd. Eine anatomische Besonderheit dieses Fisches sind die drei langen fingerartigen Strahlen der Brustflosse, mit denen er über den Meeresgrund zu "laufen" scheint. Mit diesen ertastet er sein Beutetiere, und möglicherweise schmeckt er sie damit auch. Knurrhähne verdanken übrigens ihren Namen der Tatsache, dass sie mit ihrer Schwimmblase tatsächlich knurrende Geräusche erzeugen können, wenn man sie aus dem Wasser nimmt. Es ist eine faszinierende Erfahrung, wenn man das schon einmal erleben konnte. Knurrhähne tolerieren zu warmes Wasser nur für kurze Intervalle von einigen Tagen. Wird das Wasser wärmer als 20° Celsius, wandern sie ab in tiefe kalte Wsserschichten, da diese wegen der Dichteanomalie des Meerwassers mehr Sauerstoff enthalten. Nur so ist es auch zu erklären, dass Rote Knurrhähne während des Hitzesommers 2018 von den Kuttern im Flachwasserbereich der südlichen Nordsee fast gar nicht mehr gefangen wurden. Und auch andere Arten taten es dem Roten Knurrhahn gleich, wodurch die Krabbenfischer im Sommer 2018 so gut wie keine Fische mehr fingen…

Der **Graue Knurrhahn** trägt diesen Namen zu Unrecht, denn lebende Exemplare leuchten bronzefarben bis golden und sind alles andere als grau! Er kann eine Maximallänge von 60 Zentimetern und ein Gewicht von etwa einem Kilogramm erreichen. Er kommt von Island im Norden bis nach Marokko im Süden vor. Des Weiteren findet man ihn auch in der Nordsee, im Mittelmeer und im Schwarzen Meer. Der Graue Knurrhahn lebt in kleinen Gruppen auf Weichböden, seltener auch auf steinigen Substraten, wo er bis in Tiefen von mehr als 300 Metern vordringen kann. Dabei hat er sich darauf spezialisiert, kleine Bodenfische wie Plattfische, Grundeln und Sandaale, aber auch kleine Heringe zu erbeuten. Auch Garnelen und kleine Krabben sind vor ihm nicht sicher. Der Graue Knurrhahn gehört zu den Fischarten, die eine bathypelagische Lebensweise haben, denn nachts steigt er zur Wasseroberfläche auf, wohin er seinen Beutetieren folgt. Zu Beginn der 2010er Jahre wurde dieser Knurrhahn von den norddeicher Krabbenfischern gelegentlich im Frühjahr in Tiefen von 10 Metern und mehr gefangen und im Sommer eigentlich gar nicht. Inzwischen, d.h. jetzt im Frühling und Sommer 2020, wurden hin und wieder auch Jungtiere von etwa 10 Zentimetern Länge im Flachwasser gefangen. Dies ist ein Indiz dafür, dass sich im Artengefüge der südlichen Nordsee ganz grundsätzlich Einiges verschoben haben muss…

Die **Streifenbarbe** erreicht eine Länge bis zu 40 Zentimetern und kann bis zu einem Kilogramm schwer werden. Sie gehört zu den wärmeliebenden Arten des mediterranen Faunenkreises und kommt im Mittelmeer, im Schwarzen Meer, bei den Kanarischen Inseln und im Ostatlantik bis zum Senegal vor. Im Nordatlantik findet man sie um die Britischen Inseln herum bis zur Westküste Norwegens. Meerbarben leben bodenorientiert und kommen vom Flachwasser bis in Tiefen von etwa 60 Metern vor, doch wurden sie auch schon bis in Tiefen von 400 Metern gesichtet. Meerbarben schwimmen in kleinen Gruppen über den Bodengrund und ertasten sich hier mit ihren Kinnbarteln kleine Beutetiere aus dem Bodengrund. Dabei kann man sie sowohl auf Hartböden, als auch über Sand- oder Schlamm-boden antreffen. Eigentlich sollte die Gestreifte Meerbarbe nur selten als Irrgast in der Nordsee zu finden sein, doch dringt sie wegen der Klimaerwärmung immer weiter in den Norden vor, wobei sie inzwischen häufig an Plätzen wie etwa der Elbemündung angetroffen wird. Auch wird sie etwa seit den 2010er Jahren vom Mai bis zum Dezember regelmäßig von Krabbenkuttern gefangen. Trotzdem ist die Streifenbarbe gegen zu hohe Temperaturen empfindlich, obwohl sie eher zum mediterranen Faunenkreis gehört. Wird es wärmer als 20° Celsius, taucht auch sie wie die Knurrhähne in tiefere Wasserschichten ab.

Die **Holzmakrele**, die auch als **Stöcker** oder **Bernsteinmakrele** bezeichnet wird, kann 70 Zentimeter lang und etwa zwei Kilogramm schwer werden. Der Stöcker kommt an der gesamten ostatlantischen Küste bis nach Südafrika im Süden vor. Er ist außerdem im gesamten Mittelmeer und im westlichen Schwarzen Meer anzutreffen. Die Holzmakrele ist unverwechselbar, da sie entlang der Seitenlinie auf der hinteren Körperhälfte knöcherne Schuppen hat. Außerdem hat sie einen charakteristischen schwarzen Fleck auf dem Kiemendeckel. Stöcker leben als Schwarmfische über sandigen Substraten, wo sie kleine Krebse, Tintenfische und kleine Fische jagen. Junge Stöcker leben pelagisch zwischen den Schirmen von Medusen, wo sie nicht nur Plankton, sondern auch Geschlechtsteile und Tentakeln der Quallen fressen. Holzmakrelen werden vor allem in Südeuropa als Speisefische genutzt. Man kann sie daher auch frisch oder tiefgefroren als Speisefisch bekommen. Sie haben gutes, aber grätenreiches Fleisch. In jüngerer Zeit haben sich die Fänge dieser Art nicht unbedingt gehäuft, was der Nahrungskonkurrenz durch andere in die südliche Nordsee eingewanderte Fischarten geschuldet sein könnte.

Sollten sie in absehbarer Zeit im Sommer häufiger gefangen werden, wäre das für solch eine subtropische Fischart nicht weiter erstaunlich. Und sollten sie eines warmen Tages in der Nordsee überwintern, dann kann man alle Klimaschutzmaßnahmen als gescheitert ansehen…

Die **Marokko-Meerbrasse** kann bis zu 40 Zentimeter lang werden und kommt in Tiefen von 20 bis 500 Metern vor. Sie gehört zum tropischen und subtropischen Faunenkreis, welchen man sonst von den afrikanischen Küsten, aus dem Mittelmeer und von den britischen Küsten kennt. Sie wurde bisher nur selten nördlich des Ärmelkanals angetroffen, wurde aber auch schon vereinzelt im Kattegatt gefangen. In absehbarer Zukunft könnte diese Art häufiger in der südlichen Nordsee auftauchen, denn die Internetplattform fishbase.org deutet dieses bereits jetzt (Stand Juli 2020) als eine momentan noch gering wahrscheinliche Möglichkeit an. Es ist daher zu vermuten, dass diese Art zunächst den Ärmelkanal Richtung Norden passiert und sich dann mangels harter Substrate in der Nähe der Offshore-Windkraftanlagen beim Borkumer Riffgatt aufhalten wird. Denn Zahnbrassen halten sich meist in der Nähe von Fels- oder Steilküsten auf. Leider darf in der Nähe von Offshore-Anlagen nicht gefischt werden, so dass der Nachweis dieser Art schwierig sein wird. Die Marokko-Meerbrasse ist schon lange dafür bekannt, dass sie auf dem Rücken des warmen Golfstroms in den Norden eindringt. Und zwar insbesondere dann, wenn Wärmeperioden besonders lange andauern. Vermutlich sind sie hin und wieder auch einfach nur gezwungen, andere Lebensräume zu erschließen, wenn sie sich zu stark vermehrt haben und ihre angestammten Habitate für die Gesamtpopulation zu klein geworden sind. Ihr künftiges Auftauchen in der Deutschen Bucht scheint daher sehr wahrscheinlich und nur noch eine Frage der Zeit geworden zu sein.

Die **Goldstrieme** wird meist etwa 35 Zentimeter groß, kann aber im Ausnahmefall auch bis zu 50 Zentimeter Gesamtlänge erreichen. Sie kommt im Mittelmeer, an den nordafrikanischen Atlantikküsten und wurde bisher selten in der südlichen Nordsee und sogar aus schwedischen Gewässern in der Ostsee nachgewiesen. Man findet diese Art bereits im Flachwasser in großen Schwärmen, wo sie sich im lichtdurchfluteten Wasser tummeln. Hier grasen sie vor allem Algen ab, wobei sie sogar dickblättrige **Seetange** vertilgen können. Sie sind sehr friedliche und gesellige Fische, die auch gerne im Schwarmverband mit anderen Brassen unterwegs sind. Vor allem im mediterranen Raum werden diese Fische ab einer Größe von etwa 10 Zentimetern bereits als Speisefische vermarktet. Bisher unbestätigte Einzelfänge dieser Art von Krabbenfischern aus dem Jahre 2019 können als wahrscheinlich angenommen werden. Es darf vermutet werden, dass diese Art die Offshore-Windkraftanlagen beim Borkumer Riffgatt als Sprungbrett zu den Ostfriesischen Inseln benutzen wird. Und es sollte uns daher auch nicht weiter verwundern, falls sie sich bereits vor der einzigen deutschen Felseninsel Helgoland tummeln sollte.

Die **Goldbrasse** gehört zur Familie der Meerbrassen und kann 70 Zentimeter lang und bis zu 17 Kilogramm schwer werden. Sie kommt nördlich bis Norwegen vor, man findet sie um die Britischen Inseln herum bis zur Straße von Gibraltar und den Kanarischen Inseln, sowie im gesamten Mittelmeer und im Schwarzen Meer. Inzwischen wurde sie im Sommer aber auch schon bei Helgoland gesichtet. Goldbrassen leben in Tiefen von bis zu 150 Metern, halten sich jedoch meist in etwa 30 Metern Tiefe auf und dringen im Frühjahr in Ästuarien und Lagunen ein, um zu laichen. Sie fressen vor allem Mollusken und sogar dickschalige Austern. Diese knacken sie mit ihren starken Kiefern auf und fressen dann die weichen Innereien. Dabei können die Tiere eindrucksvolle Knackgeräusche erzeugen. Die Goldbrasse wird vor allem in Griechenland in Aquakulturen gezüchtet und ist eine kommerziell wichtige Art, die als ***"Dorade royal"*** oder ***"Dorade grise`"*** gehandelt wird. Fast alle bei uns im Speisefischhandel angebotenen Goldbrassen stammen aus diesen Aquakulturen, doch könnte in naher Zukunft das Angebot von wild gefangenen Exemplaren zunehmen, die in der südlichen Nordsee als Beifang in den Netzen der Krabbenfischer landeten. Denn schon seit Mitte der 2010er Jahre stieß ich immer wieder auf Berichte einzelner Goldbrassen, welche verschiedenen Fischern ins Netz gingen. Daher ist davon auszugehen, dass die Goldbrasse bereits jetzt jeden Sommer in der Deutschen Bucht präsent ist. Sollte die Goldbrasse eines warmen Tages in der Deutschen Bucht zur Vermehrung schreiten, so wäre das ein sehr deutlicher Beleg für den enormen Fortschritt des Klimawandels.

Die **Vipernqueise** kommt in der südlichen Nordsee, um die britischen Inseln herum sowie im Mittelmeer und an den nordafrikanischen Küsten vor. Sie erreicht eine maximale Größe von etwa 15 Zentimetern. Sie kommt bereits im Flachwasser vor und kann hier Badenden gefährlich werden. Ihr Gift ist stärker als das des **Petermännchens** *Trachinus draco*, weshalb sie von Fischern, Anglern und Badegästen besser ernst genommen werden sollte. Denn die Vipernqueise besitzt in den ersten Strahlen ihrer Rückenflosse sowie an den Kiemendeckeln giftige Stacheln. Um Giftunfälle zu vermeiden sollte man geangelte Exemplare mit äußerster Vorsicht abhaken und beim Baden in Risikogebieten besser Badeschuhe tragen. Insbesondere im Mittelmeerraum macht dieses oft allein schon deshalb Sinn, um auf kiesigen Böden Verletzungen durch Seeigel zu vermeiden. Die Lebensweise der Vipernqueise entspricht weitgehend der welcher des Petermännchens. Etwa seit dem Sommer des Jahres 2016 wird dieser Fisch relativ häufig von den norddeicher Krabbenfischern vor den Ostfriesischen Inseln als Beifang angelandet. Man kann die Vipernqueise eher dem subtropischen Faunenanteil zurechnen, der sich nun langsam in unseren Gewässern nach Norden schiebt. Eine bedenkliche Entwicklung, denn solche Tiere könnten bei zunehmender Häufigkeit eines warmen Badetages gravierende Zwischenfälle verursachen.

Das **Petermännchen** gehört zu den wärmeliebenden Fischarten und kommt von Norwegen bis nach Marokko, bei den Kanarischen Inseln und bei Madeira, im Mittelmeer und im Schwarzen Meer vor. Es erreicht eine Länge von bis zu 45 Zentimetern und kann eigentlich nur als Giftzwerg bezeichnet werden. Denn zur Familie der **Petermännchen** *Trachinidae* gehören ausschließlich Vertreter, deren erste Rückenflosse mit Giftstacheln versehen ist, die vorzugsweise dann aufgestellt werden, wenn ein Badegast auf den im Sand eingegrabenen Fisch tritt. Das Gift hat zwar keine tödliche Wirkung, schmerzt jedoch sehr stark und führt zu Krämpfen, Erbrechen und Kreislaufproblemen. Solche Wunden müssen möglichst sofort so heiß wie noch erträglich ausgespült und ärztlich behandelt werden, da man sonst einige Wochen lang gesundheitliche Probleme bekommen kann. Da dieser Fisch bereits ab 1 Meter Wassertiefe auf Sandgrund zu finden ist, sollten Badegäste hier lieber Badeschuhe tragen, um solche Unfälle zu vermeiden. Aber auch Fischer und Angler sollten besser einen heiligen Respekt vor den Stacheln haben. Petermännchen graben sich tagsüber deshalb in den Bodengrund ein, da sie so bequem abwarten können, bis ihnen kleine Fische und Krebse direkt vor das Maul schwimmen. Beim Eingraben machen sie schlängelnde Bewegungen und sind in Sekunden fast vollständig im Bodengrund verschwunden. Während der letzten Jahre wurden Petermännchen in der Nordsee häufiger gesichtet und gefangen, was mit der Erwärmung des Meeres zu tun hat. Somit kann man diese Fische auch als Indikatoren für Klimaänderungen sehen. Sie werden momentan jedoch in unseren Gewässern erheblich seltener als die Vipernqueise von den Netzen der Fischer miteingesammelt, was möglicherweise der Konkurrenz der beiden Arten bei ähnlicher Ernährungsweise im gleichen Habitat geschuldet ist.

Der **Atlantische Bonito**, der im mediterranen Raum auch als **Pelamide** bezeichnet wird, ist ein Wanderfisch, den man im Atlantik, in der südlichen Nordsee, in der dänischen Beltsee, im Mittelmeer und im Schwarzen Meer findet. Er kann eine Länge von knapp einem Meter erreichen und dringt von der Wasseroberfläche bis in etwa 200 Meter Tiefe vor. Damit hat er eine bathypelagische Lebensweise, bei der er tageszeitabhängig den Wanderungen seiner planktonischen Beutetiere in der Wassersäule folgt. Bonitos sind ausgezeichnete Speisefische, welche ähnliches Fleisch wie ihre größeren Verwandten, die Thunfische, haben. Sie werden kommerziell gefangen und vor allem zu Dosenfisch weiterverarbeitet, der dann als **„Thunfisch"** vermarktet wird. Das wird gemacht, weil Thunfische inzwischen zu einer raren Ressource geworden sind, die man lieber anderweitig und vor allem sehr hochpreisig auf dem japanischen Markt als Sushi vermarkten möchte. Möchte man selbst etwas zum Artenschutz beitragen, sollte man daher auf solche exklusiven Genüsse verzichten. Dosenthunfisch kann man aber ruhigen Gewissens verzehren, weil dieser inzwischen ausschließlich aus Bonitos gewonnen wird und somit keine Bestände der bereits überfischten echten Thunfische gefährdet werden. Etwa seit den 2015er Jahren häufen sich die Berichte von Fischern, die behaupten „Thunfische" gefangen zu haben. Es darf jedoch stark angenommen werden, dass es sich bei diesen Fängen in Wahrheit um große Bonitos gehandelt hat, da hier gewisse Ähnlichkeiten bestehen. Das Auftreten solch mediterraner Arten ist ein Hinweis auf ein üppiges Futterangebot in der Nordsee, welches ohne den Klimawandel wahrscheinlich nicht in dieser Form geben würde.

Die **Makrele** ist ein bis zu 60 Zentimeter langer und bis zu 3,4 Kilogramm schwer Plankton fressender Schwarmfisch, der sich im Sommer im freien Wasser aufhält. Die Makrele kommt im gesamten Nordatlantik, in der Nordsee, in der Ostsee, im Mittelmeer sowie im Schwarzen Meer vor. Makrelen fressen vorwiegend kleine Wirbellose und Fischbruten, die sie mit ihren Kiemenreusen aus dem Wasser filtern. Selbst dienen sie zahlreichen anderen großen Raubfischen als Nahrung. Eine anatomische Besonderheit der Makrele ist die, dass sie keine Schwimmblase besitzt. Allerdings ist ihr Fleisch tranig, so dass sie durch die Fettanteile ihres Gewebes etwas Auftrieb im Wasser erhält. Makrelen fressen sich im Sommer Fettpolster an, was man im Herbst besonders gut sehen kann. Im Winter ziehen die Makrelen dann in tiefere Wasserschichten, wo sie die Nahrungsaufnahme einstellen, und das nächste Frühjahr erwarten. Das hängt damit zusammen, dass sie ihren Lebensrhythmus exakt auf das Wachstum und die Vermehrung des Zooplanktons eingestellt haben, und im Winter nicht genug Nahrung an der Wasseroberfläche erbeuten können. Im Jahr 2014 erhielt ich von verschiedenen Meeresanglern die Auskunft, dass sie in diesem Jahr bei den Ostfriesischen Inseln überhaupt keine Makrelen fangen konnten. Dieses ist wahrscheinlich darauf zurück zu führen, dass das Jahr 2014 eines der wärmsten seit dem Beginn der Messungen der Wassertemperaturen in der Nordsee war. Die Absenz der Makrelen dürfte mit den Wanderungen ihrer planktonischen Nährtiere und dem Sauerstoffbedarf dieser Fische zusammenhängen, der bei zu hohen Wassertemperaturen nicht mehr gesättigt werden kann. Interessanterweise fingen die Krabbenfischer sowohl im Juni 2016 als auch im Juni 2020 Unmengen an halbwüchsigen Makrelen – nach einem vorübergehenden Kälteeinbruch!

Der **Klippenbarsch** ist wahrscheinlich der häufigste Lippfisch Europas. Er kann 18 Zentimeter lang und bis zu 8 Jahre alt werden. Man findet ihn von Norwegen bis Marokko, in der Nordsee, in der Ostsee, im Mittelmeer und im Schwarzen Meer. Man kann ihn an den beiden schwarzen Flecken am Beginn der Rückenflosse und der Schwanzflosse unschwer von anderen Arten unterscheiden. Da der Klippenbarsch felsige Substrate bevorzugt, kommt er nur selten im Wattenmeer vor, kann aber bei Helgoland, an den dänischen und britischen Felsküsten und in der Ostsee angetroffen werden. Klippenbarsche fressen Moostierchen, Krebstiere und Schnecken. Sie sind ausgesprochene Flachwasserbewohner, die man bis in etwa 50 Meter Tiefe antreffen kann. Klippenbarsche sind territoriale Fische, die Reviere gegen Artgenossen verteidigen, um hier ihrem Brutpflegegeschäft nachgehen zu können. Dabei bewachen die Männchen im Sommer die Brut und verteidigen diese gegen potentielle Angreifer. Die Jungtiere schlüpfen nach ein bis zwei Wochen aus den Algennestern aus, und leben dann zunächst freischwimmend im Plankton, ehe sie wie die Erwachsenen zu einer bodenorientierten Lebensweise übergehen. Durch die neu entstandenen künstlichen Felssockel an den Offshore-Windkraftanlagen haben sich die Fänge von Klippenbarschen vor den Ostfriesischen Inseln seit den 2015er Jahren leicht gehäuft. Darüber hinaus scheinen sie Temperaturanstiege bis zur Marke von etwa 20° Celsius zu tolerieren.

Kleiner Sandaal, *Ammodytes marinus* Raitt, 1934

Der **Kleine Sandaal**, welcher auch als **Sandspierling** oder **Tobiasfisch** bezeichnet wird, kann bis zu 20 Zentimeter lang werden. Er lebt vor allem im Nordostatlantik, ist jedoch auch an einigen Stellen des nördlichen Mittelmeeres und vor allem an den spanischen Küsten präsent. Im Sommer findet man ihn ab der Gezeitenzone auch im Flachwasserbereich. Im Winter zieht er sich dann in Tiefen von 20 bis 50 Metern zurück. Für diese Art ist ihre hydrodynamische Stromlinienform und die damit verbundene schlängelnde Schwimmweise charakteristisch. Der Sandaal ist trotz seiner geringen Größe eine kommerziell wichtige Art, die vor allem in Dänemark in riesigen Mengen angelandet wird. Die Tiere werden dann zu Fischmehl oder Tierfutter verarbeitet. Der Sandaal ist ein typischer Bewohner des Sandgrundes und kann sich in diesen bei Gefahr blitzschnell eingraben. Dabei kann es sogar passieren, dass der Fisch bei Ebbe im trockengefallenen Sandboden des Watts oder in kleinen Ebbepfützen zurückbleibt. Ich habe selbst vor einigen Jahren aus Versehen ein solch eingegrabenes Exemplar totgetreten. Der Kleine Sandaal gehört zu den extrem sauerstoffbedürftigen Arten der Gezeitenzone und kann hier immer nur sehr kurze Zeit in zu kleinen zu warm gewordenen Prielen oder Gezeitentümpeln überleben. Auch Transporte überlebt er meist nicht lange. Bemerkenswert ist es jedoch, dass man ihn in manchen Gebieten, wie etwa an der schleswig-holsteinischen Nordseeküste im Norden der Deutschen Bucht, immer länger in Küstennähe auffinden kann. So kann man diesen Fisch inzwischen sogar noch im Oktober und November in Gezeitentümpeln am Strand von St. Peter Ording auffinden. Solches konnte ich insbesondere im Hitze-Jahr 2018 persönlich feststellen.

Die **Schwarzgrundel** ist von der Ostsee bis zum Mittelmeer weit verbreitet und besonders oft in flachen Hafenbecken mit Sand - oder Schlammgrund zu finden. Mit einer Gesamtlänge von bis zu 10 Zentimetern gehört sie zu den größeren und räuberischen Grundelarten und ist deshalb auch häufig die dominierende Art. Sie kann mindestens 4 Jahre alt werden. Adulte Schwarzgrundeln kann man häufig paarweise antreffen; die Männchen unterscheiden sich durch die etwas höhere erste Rückenflosse von den Weibchen. Schwarzgrundeln bevorzugen etwas abgeschattete Versteckplätze, aus denen sie sich mit entsprechenden Ködern auch hervorlocken lassen. Sie lassen sich dann relativ einfach mit einer Ködersenke oder einem Rahmenkescher fangen. Schwarzgrundeln legen von Mai bis August bis zu 6.000 Eier an Steinen oder Seetang ab. Die Männchen besamen und bewachen die Brut bis zum Schlupf. Die Larven schlüpfen mit einer Länge von etwa 3 Millimetern aus den birnenförmigen Eiern und schwimmen dann frei, erst mit einer Länge von etwa einem Zentimeter gehen sie dann zum Bodenleben über. Schwarzgrundeln brauchen 2 Jahre, um geschlechtsreif zu werden. In der südlichen Nordsee war diese Grundel bisher eher selten anzutreffen, doch wurde sie etwa seit den 2015er Jahren gelegentlich von den Krabbenfischern mitgefangen. Es könnte gut sein, dass die Kombination aus künstlichen Habitaten bei den Offshore-Windkraftanlagen und eine Erwärmung des Meerwassers dieser Grundel künftig zu einem größeren Verbreitungserfolg in der südlichen Nordsee verhelfen werden.

Diese invasive Art kam ursprünglich aus dem Schwarzen Meer in unsere Gewässer und hat jetzt Donau und Ostsee erreicht. Durch den Handel mit Schiffen wurde sie weit verbreitet und inzwischen sogar schon in Nordamerika nachgewiesen. Sie ist ein sehr universeller Fisch, den man in Süß-, Brack- und Seewasser finden kann. Sie wird etwa 20 Zentimetern groß. Die **Schwarzmundgrundel** ist ein großer Schädling unserer endemischen Fauna geworden, da sie unsere einheimischen Arten verdrängt. Dieses erreicht sie zum einen durch hohe eigene Vermehrungsraten, zum anderen dadurch, dass sie die Bruten anderer Fische vertilgt. Dadurch sind beispielsweise Arten wie die **Schwarzgrundel *Gobius niger*** bereits deutlich ins Hintertreffen geraten. Allerdings könnten kalte Winter den Vormarsch solcher meist durch Schiffe verschleppter Arten aus Übersee durchaus begrenzen, sofern diese weniger Kältetoleranz als unsere einheimischen Arten besitzen. Die Entwicklung ihrer Populationen sollte daher einem sorgfältigen Monitoring seitens der Fischereibehörden unterzogen werden. Denn ihre ungehemmte Ausbreitung kann dramatische Folgen für endemische Fischarten und die darauf aufbauende Fischereiwirtschaft haben. Im Aquarium sind diese Grundeln problemlos bei Zimmertemperatur gut und ausdauernd haltbar. Ihre starke Adaptionsfähigkeit dürfte denn auch ihr Erfolgsgeheimnis sein.

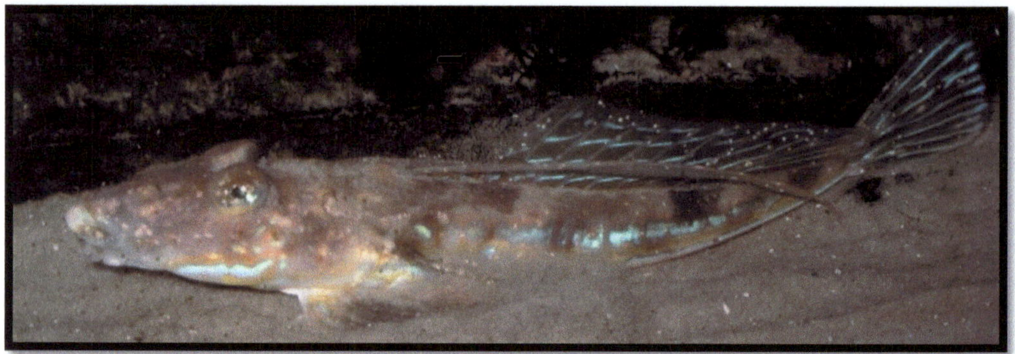

Der **Gestreifte Leierfisch** gehört zu den Meeresfischen, die nachweislich bereits im 19. Jahrhundert in Aquarien gehalten werden konnten. Man kennt diese Fische auch aus dem Mittelmeer, wo sie gewöhnlich in tieferen Wasserzonen lebt als in der Nordsee. Diese Art zeigt einige erstaunliche Anpassungen an das Leben auf sandigen Substraten, die in ihrer Funktionsweise mit denen von Rochen und Plattfischen direkt vergleichbar sind. So wird zum Beispiel das Atemwasser hinter den Augen durch ein spezielles verschließbares Atemloch über die Kiemen geführt, um zu verhindern, dass Sand in die Kiemen eindringen kann, wenn sich der Fisch eingräbt. Außerdem besitzen Leierfische einen Stachel auf dem Kiemendeckel, der mit einer Giftdrüse verbunden ist und ein schwaches Gift abgibt. Deshalb sollte man sie möglichst nicht mit einem Netz einfangen, denn sie könnten sich leicht mit ihren Kiemendeckelstacheln darin verhaken, was die Fische enorm schädigen kann. Da Leierfische im Sublitoral unterhalb der Gezeitenmarke leben, meiden sie die warmen Flachwasserzonen und tolerieren nur Temperaturen bis etwa 18° Celsius. Während der warmen Sommer der Jahre 2018 und 2019 wurden von den Krabbenkuttern keine Leierfische mehr gefangen, da sie wegen der Erwärmung der südlichen Nordsee auf Temperaturen bis zu 22° Celsius in tiefere und damit sauerstoffreichere Wasserschichten abgetaucht waren. Im Frühsommer des Jahres 2020 waren sie dann jedoch vereinzelt wieder präsent, da die Nordsee für sie offensichtlich wieder kühl genug war. Dieses könnte eine direkte Folge der unfreiwilligen Klimaschutzmaßnahmen infolge der Corona-Epidemie gewesen sein, da nicht unerhebliche Teile des globalen Flugverkehrs für Monate ruhten. Es ist wirklich erstaunlich, was manche Maßnahmen kurzfristig bewirken können.

Der **Schwertfisch** kommt weltweit in allen Ozeanen in subtropischen Gewässern vor und wird im Mittelmeer kommerziell stark befischt, weshalb er dort inzwischen selten geworden ist. Gelegentlich wird er auch in der Nordsee gefangen oder strandet dort vor allem bei vorgelagerten Inseln. Solche Exemplare haben meist keinen Mageninhalt, was zeigt, dass sie sich hier nicht richtig wohl fühlen. Umstritten ist unter den Fachleuten, ob das Schwert des Schwertfisches tatsächlich nur dem Beuteerwerb dient, oder ob er damit seine Hydrodynamik verbessert. Fakt ist jedoch, dass Schwertfische mit zu den schnellsten Fischen überhaupt gehören, da sie in nur 3 Sekunden 100 Meter Entfernung zurücklegen können. Für Angler sind sie so lange gefährlich, wie sie im Wasser sind, da sie kurz vor der Anlandung nochmals alle Kraftreserven mobilisieren und springen können. Wobei Anglern zum einen Gefahr von dem verlängerten Oberkiefer des Schwertfisches droht, zum anderen auch, in die Angelschnur gewickelt und in die Tiefe gerissen zu werden. Da Schwertfische bis in 800 Meter Tiefe abtauchen können, hat ein mitgerissener Angler allein aufgrund des plötzlichen Tiefendruckes keine Überlebenschance. Schwertfische sind bereits stark überfischt worden, und da sie am Ende der Nahrungskette stehen, ist es fraglich, ob der Genuss ihres Fleisches ein gesunder Genuss ist, da sich darin Schwermetalle wie Quecksilber und Cadmium ablagern. Bei Schwangeren kann der Verzehr solch quecksilberhaltiger Nahrung den Fötus sogar direkt schädigen! In jüngerer Zeit machten Schwertfische, die auf der Ostseeinsel Rügen tot aufgefunden wurden (so geschehen im Jahre 2008), Schlagzeilen. Des Weiteren gibt es auch Berichte über weitere Exemplare, die Anfang der 2000er Jahre auf den Ostfriesischen Inseln in der südlichen Nordsee gestrandet sind. Diese Exemplare kann man als einen weiteren Beleg für eine fortschreitende Klimaänderung werten, die uns sehr nachdenklich stimmen sollte.

Die **Scholle** kommt nicht nur in der Nordsee häufig vor, sondern man findet sie auch im nordwestlichen Mittelmeer und an den Küsten Nordafrikas. Schollen können zwar bis zu einem Meter lang werden, doch sind solche Fische aufgrund der Überfischung eine seltene Erscheinung geworden. Abschließend sei noch bemerkt, dass der Plattfischbestand in der südlichen Nordsee eigentlich bisher trotz intensiver Fischerei immer relativ gut war, doch ist er im Jahre 2009 komplett kollabiert. Dieses dürfte sehr wahrscheinlich den aus dem Schwarzen Meer eingeschleppten **Rippenquallen** der Art ***Mnemiopsis leydi*** geschuldet sein, die sehr gerne Fischbruten vertilgen und ganze Fischbestände wegraffen können. Inzwischen (2020) ist der Bestand an Schollen in der südlichen Nordsee stark rückläufig geworden, was manche Fischer in Zusammenhang mit den Stromtrassen der Offshore-Windkraft-Anlagen sehen. Fakt ist, dass man juvenile Plattfische zurzeit so gut wie gar nicht im Watt antreffen kann. Und wenn dann nur sporadisch für eine kurze Zeit. Ob sie damit auf eine zu starke Erwärmung oder andere Faktoren reagieren ist leider nicht bekannt. Ihr großflächiges Verschwinden ist jedoch ein sehr starkes Statement von Mutter Natur an die Adresse der Menschen.

Die **Flunder** ist ein häufiger Plattfisch, der an der Küste auch gerne als **"Butt"** benannt und gehandelt wird. Flundern können bis zu 60 Zentimeter lang und 2,5 Kilogramm schwer werden. Man findet sie in der Nordsee, der Ostsee, dem nordwestlichen Mittelmeer und dem Schwarzen Meer. Bisher traf man Flundern am häufigsten im Bereich der Ostsee an, da dieser Plattfisch niedrigere Salzgehalte bevorzugt. Doch im Frühling 2020 wurden Flundern deutlich häufiger als sonst in der südlichen Nordsee gefangen, was auch dem Rückgang der Schollen geschuldet sein könnte. Darüber hinaus wandern Flundern auch häufig temporär ins Süßwasser ein, so dass man sie sogar im Binnenland angeln kann. Dieses ist vor allem aus Flüssen wie Elbe und Schlei bekannt. In der Ostsee wird die Flunder häufig kommerziell befischt und stellt dort einen wichtigen Wirtschaftsfisch für kleine lokale Fischereien dar. Sie hat exzellentes Fleisch und gehört mit zu den besten Speisefischen der Nord- und vor allem der Ostsee. Die Vermehrung ihres Bestandes in der südlichen Nordsee lässt auf chaotische und außergewöhnliche neue Umweltbedingungen unter Wasser Rückschlüsse zu. Offensichtlich ist die gesamte Ichthyofauna der südlichen Nordsee in einem gewaltigen Umbruch.

Die Zwergzunge wird nur 15 Zentimeter lang; man findet sie in Mittelmeer und Nordsee. Sie ist ein regelmäßiger Beifang in der südlichen Nordsee.

Sandzunge, *Pegusa lascaris* (Risso, 1810)

Die Sandzunge erreicht eine Länge von bis zu 40 Zentimetern und kommt im Ärmelkanal, an den nordafrikanischen Küsten und im westlichen Mittelmeer vor. Bereits 2013 fing ein Fischer aus Norddeich einige Jungtiere dieser Art.

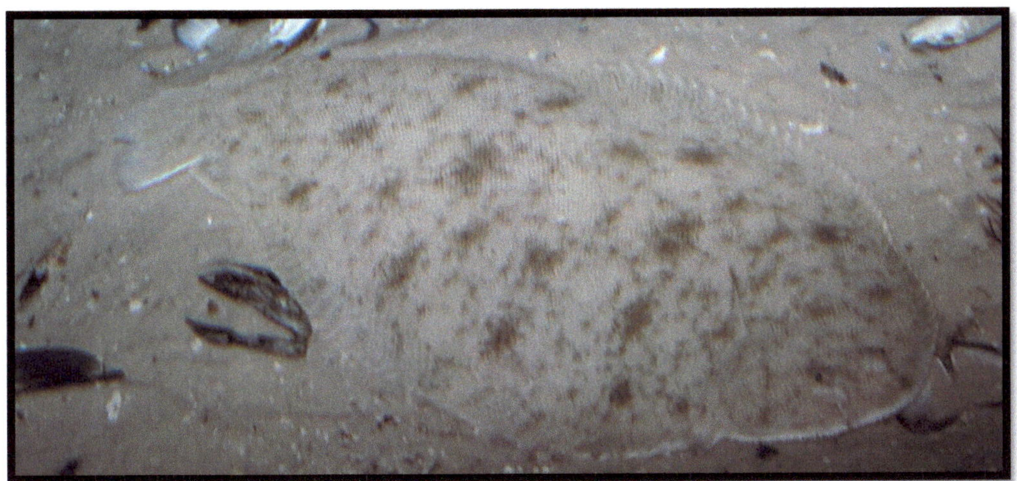

Die **Seezunge** ist ein saisonal häufiger Plattfisch, der während seiner Laichsaison auch freischwimmend in Oberflächennähe gesichtet werden kann. Der beliebte Speisefisch wird hochpreisig gehandelt. Manchmal werden fehlfarbene Seezungen gefangen, wobei es sowohl Albinos als auch melanistische Tiere gibt. Charakteristisch für die Seezunge sind die eigenartige Form ihres Maules und die rautenförmigen Schuppen. Mit den kurzen fransenartigen Anhängseln am Saum ihres Kopfes können sie ihre Beutetiere ertasten. Seezungen sind spezialisiert darauf, Muscheln, Würmer, Schlangensterne und andere kleine wirbellose Bodentiere zu fressen. Seezungen können bis zu 20 Jahre alt werden, eine Körperlänge von 60 Zentimetern und ein Gewicht von bis zu 3 Kilogramm erreichen. Solche großen Exemplare sind jedoch aufgrund der allgemeinen Überfischung eher selten geworden. Darüber hinaus sei dazu angemerkt, dass sich die Fischer in der südlichen Nordsee momentan nicht die Mühe machen, Seezungen aktiv zu befischen, weil der Fang wegen der negativen Bestandssituation momentan kaum rentabel ist. Ob dies die Folge von Überfischung oder des Klimawandels ist, sei dahingestellt und kann momentan nicht eindeutig beantwortet werden. Denkbar wäre es aber auch, dass momentan mehrere Arten aus der großen Familie der Seezungen um den Lebensraum im Norden konkurrieren, da sie die gleichen ökologischen Nischen besetzen und sehr ähnliche Nahrungsansprüche besitzen. Ausgang ungewiss.#

Der **Heringskönig** erreicht eine Länge von maximal 90 Zentimetern bei einem Gewicht von etwa 8 Kilogramm. Er ist ein echter Kosmopolit, den man in allen gemäßigten Meeren finden kann. Dabei findet man ihn in der Nordsee genauso wie im Mittelmeer oder vor den Küsten Japans oder Australiens. Die Enden der Rückenflosse des **Heringskönigs** enden in langen Fäden, doch das wohl skurrilste Merkmal dieses Fisches ist eine Reihe überdimensioniert großer und bestachelter Schuppen unter der zweiten Rückenflosse. Diese Knochenplatten erinnern sehr stark an die knöchernen Seitenschilde von Stören, nur sind sie darüber hinaus noch stachelig. Dadurch genießt der Heringskönig einen passiven aber sehr effektiven Schutz gegen größere Fressfeinde. Der Heringskönig ist ein Einzelgänger, der nur selten in kleinen Gruppen angetroffen wird. Er frisst vorwiegend kleine Fische, doch frisst er gelegentlich auch kleine Krebse und Tintenfische. Dabei ist seine Jagdtaktik die, dass er völlig ruhig am Grund steht und darauf wartet, dass ihm sein Opfer direkt vor das Maul schwimmt. Dieses wird dann plötzlich ausgestülpt, und das Beutetier wird durch den entstehenden Unterdruck eingeschlürft. Da der Heringskönig ein sehr flaches Körperprofil hat, ist er für seine Opfer von vorne nur als dünner Strich zu erkennen, der einer Alge ähnelt, die sich in der Strömung wiegt. In der südlichen Nordsee wird dieser Fisch bisher nur sehr selten gefangen, so wie etwa ein Exemplar während des Hitzesommers des Jahres 2016.

Der **Seeteufel** ist ein sehr skurril aussehender Fisch, der eine Maximallänge von etwa 2 Metern und bis zu 40 Kilogramm Gewicht erreichen kann. Seeteufel tarnen sich durch Körperanhängsel, die aussehen, wie kleine Algenstückchen. Damit ahmen sie zum einen veralgte Steine nach, zum anderen aber lösen sie damit ihren Körperumriss fast völlig auf. Seeteufel dringen von den flachen Küstengewässern bis in 1.000 Meter Tiefe vor. Da er keine Schwimmblase hat, sieht man den Seeteufel nur selten freischwimmend oder in Oberflächennähe. Zwischen den Augen besitzt er einen frei beweglichen Rückenflossenstrahl, den er wie einen Wurm vor seinem Maul hin und her schwenken kann. Interessiert sich dann ein kleinerer Fisch dafür, reißt der Seeteufel blitzschnell sein Maul auf, und saugt durch den Unterdruck seine Beute ein. Das Opfer hat keine Chance, da die Zähne des Seeteufels alle nach hinten gerichtet sind und es somit kein Entkommen gibt. Im November 2020 fing ein Kutter erstmals mehrere kleine Seeteufel von nur 20 Zentimetern Länge vor der Insel Norderney in flachem Wasser. Seeteufel dieses kleinen Kalibers werden sonst eigentlich nur im Ärmelkanal gefangen, während sie sonst in der Nordsee einzeln und erheblich größer angelandet werden.

Ich bin zwar kein Wissenschaftler, welcher mit streng wissenschaftlichen Methoden akribisch ermittelte Fakten präsentieren kann. Aber ich würde mich selbst als einen sehr kommunikativen Menschen beschreiben, der vor allem eine gute Beobachtungsgabe hat. Und der dazu in der Lage ist, die verschiedensten Dinge miteinander in Beziehung zu setzen. Da er zu der geschilderten Thematik ein sehr großes Hintergrundwissen besitzt, welches über Jahrzehnte herangereift ist. Es ist so, als ob man ein riesiges Puzzle aus Millionen von verschieden großen Teilen zusammensetzen soll. Selbstverständlich kann man dabei aber nur einen winzigen Bruchteil dieser Teile handhaben und winzige Ausschnitte eines gigantischen Bildes zu konstruieren suchen. Und in unserem Fall betreffs der Meeresfauna in der südlichen Nordsee kann das nur bedeuten, dass hier gerade ein uneindeutiges Zerrbild dessen entsteht, was man als eine Verschiebung der sonst üblichen Faunenanteile in diesem kleinen Teil des einen großen Weltmeeres bezeichnen müsste. Oder anders ausgedrückt: Die Fauna des Ärmelkanals und der britischen Küsten beginnt damit, sich aktiv und dauerhaft in unseren Breiten zu etablieren. Darüber hinaus häufen sich Funde von subtropischen und tropischen Arten, die im Zuge warmer Strömungen, fehlender Winter und anderer günstiger Umstände in die Deutsche Bucht gelangen. Sollte hier eines warmen Tages ein Weißer Hai in die Elbmündung eindringen, so braucht uns das auch nicht mehr zu wundern... Offenbar stellen die Einwanderungs-Ereignisse der letzten Jahre in der südlichen Nordsee nur die Spitze des Eisberges dar, den menschliches Handeln und Nichthandeln im Klimaschutz auf diesem Planeten hervorgebracht hat. Die Corona-Virus-Pandemie im Jahre 2020 scheint jedoch vorübergehend einen gewissen Aufschub gebracht zu haben, da vor allem große Teile des internationalen Luftverkehrs eingestellt werden mussten. Dieses deutet darauf hin, dass das Fliegen sehr wahrscheinlich viel schädlicher für das Weltklima ist als bisher vermutet. Schon lange weiß man, dass ein einziges Passagier-Flugzeug so viele Emissionen produziert wie etwa 10.000 Autos. Wobei die schädlichen Gase auch noch prompt und ohne Umweg bis in die obersten Schichten der Erdatmosphäre entlassen werden. Das Ergebnis kann sich inzwischen sogar aus dem Weltall großflächig sehen lassen: Die Wüsten werden größer, die Gletscher und die Süßwasserreserven schwinden, der Amazonas brennt, die Arktis steht in Flammen, Australien ist trockener denn je und hat mit großen Buschbränden zu kämpfen. Und auch die Regenwälder in Asien und Indonesien sind auf dem Rückzug. Teile von Europa verwandeln sich bereits jetzt in Steppenlandschaften. Und in Ostafrika drohen infolge von Dürren und Heuschreckenplagen Hungersnöte, wie sie die Welt noch nicht gesehen hat. Hält diese Entwicklung an, dann werden große Teile des Planeten bald kaum noch bewohnbar sein. Das alles hat mit Panikmache nichts zu tun; es ist lediglich die Quintessenz dessen, was uns die Nachrichten täglich frei Haus liefern. Die Corona-Pandemie des Jahres 2020 macht uns in erschreckender Weise klar, wie verwundbar und abhängig voneinander wir alle in Folge der Globalisierung inzwischen geworden sind. So wie bisher kann es jedoch nicht weiter gehen, auch wenn die Machthaber dieser Welt das nicht einsehen wollen. Wie armselig diese Leute sind, kann man unschwer daran erkennen, dass sie sich nach wie vor nur selbst bereichern und an der Macht halten wollen. Egal, ob dieser Planet dabei vor die Hunde geht. Allerdings ist es so, dass es sehr wohl eine objektive höhere Wahrheit und Wirklichkeit gibt, die sich beide nicht einsperren oder ignorieren lassen. Und wenn auch die Fridays-For-Future-Proteste eines gewalttätigen Tages endgültig verstummen sollten, so würden trotzdem die darauffolgenden Hitzewellen und Waldbrände, sowie gewaltige Unwetter und Flutkatastrophen unserem geschundenen Planeten zu seinem Recht verhelfen. Und den Menschen wieder auf den Platz stellen, auf den er natürlicherweise gehört. Und dann könnte auch sehr schnell der Punkt erreicht werden, wo es nur noch ums Überleben der Spezies Mensch auf diesem Planeten geht. Und wo Gier und das Streben nach Luxus und Wohlstand völlig bedeutungslos werden. In der südlichen Nordsee wird jetzt gerade unter den verschiedensten Organismen ein Verdrängungswettbewerb ausgetragen. Der Ausgang ist völlig offen und ungewiss. Halten diese Entwicklungen an, dann werden hier an der deutschen Nordseeküste sicherlich nicht nur ein paar Fischer pleitegehen, sondern infolge chaotischer Umweltbedingungen könnten auch ganze Küstenabschnitte unbewohnbar werden. Und der Zusammenbruch des Massentourismus könnte dann auch sehr dramatische soziale Verwerfungen und das Abwandern von Hunderttausenden zur Folge haben. Daher ist die Investition in nachhaltige Energie- und Wirtschaftsformen eine sehr gute Alternative zu unserer bisherigen Lebensweise. Wir alle haben es mit in der Hand, ob sich etwas ändert. Ändern wir jedoch nichts, dann wird Domina Natura uns einige sehr bittere Lektionen erteilen, die wir uns besser erspart hätten…

Die folgenden Grafiken sollen das zurzeit in der südlichen Nordsee sichtbare Phänomen etwas besser veranschaulichen. Es handelt sich dabei jedoch nur um eine etwas gröbere und nicht mit wissenschaftlichen Methoden erstellte Sichtweise, die keinen Anspruch auf absolute Wahrheit oder Richtigkeit stellt. Man könnte es aber als eine „Arbeitshypothese" betrachten und diese dann als Basis für weitergehende Betrachtungen benutzen. Manchmal sagen auch nicht unbedingt die aufgefundenen Arten irgendwelcher Meereslebewesen direkt etwas über die Faunenveränderung aus, sondern deren Größe. So war es zum Beispiel sehr auffällig, dass alle von November 2019 bis März 2020 aufgefundenen **Blaumäulchen** der Art *Helicolenus dactylopterus* etwa 10 Zentimeter groß waren. Das deutet darauf hin, dass sie alle aus derselben Generation stammen. Gleichzeitig erlaubt das Auffinden dieser Tiefwasser-Art im Flachwasser von Prielen interessante Rückschlüsse darüber, inwieweit diese Art sich in deutschen Gewässern bereits etabliert hat. Gleiches trifft auf die **Kleine Pilgermuschel** *Aequipecten opercularis* zu: Traf man diese Art etwa bis zum Jahr 2018 nur selten und in geringer Größe an, so häuften sich im Jahr 2019 die Fänge dieser Art vor den Ostfriesischen Inseln sowohl was die Menge, als auch was die Größe betraf. Das lässt Rückschlüsse auf Wachstumszeiten und Nahrungsangebot dieser Muscheln zu. Ähnlich wie bei den **Ottermuscheln** der Art *Lutraria lutraria*. Aufgrund all dieser Fänge und auch der Sichtung weiterer Arten, welchen subtropischen Faunenkreisen angehören, kann man unschwer folgern, dass sich der mediterrane Faunenanteil in der Nordsee bereits um mindestens 100 Kilometer nach Norden verschoben hat. Das bedeutet, dass sich manche Arten, wie etwa der **Gestreifte Schleimfisch** *Parablennius gattorugine* oder der **Zwergeinsiedler** *Diogenes pugilator* inzwischen in der südlichen Nordsee bei den Ostfriesischen Inseln dauerhaft etabliert haben. Das bedeutet, dass sie im Winterhalbjahr nicht mehr in den Süden abwandern, sondern vielmehr im tieferen Wasser vor den Inseln überwintern. Insbesondere dann, wenn es hier wie im Winter 2019/2020 etwa **10 bis 11° Celsius(!)** warm bleibt und die Jahreszeit Winter in diesem Seegebiet offensichtlich „absent" geworden ist. Dies sind keine Hypothesen mehr, sondern Tatsachen, welche sich anhand der nun dauerhaften Präsenz der einst südlichen Meeresfauna und der Messungen der Ozeanologen objektiv belegen lassen.

Der Verlauf der Faunengrenzen im Jahr 1990 beruht auf Einschätzungen des Autors aufgrund von diversen Gesprächen mit Fischern, diversen Küstenbewohnern und Meeresbiologen. Sowie auch auf anderen Quellen wie etwa Büchern, Fernsehdokumentationen und eigenen Beobachtungen.

Faunengrenzen sind kein statisches Gebilde. Sie bieten aber einen groben Anhalt, um das Ein- und Abwandern von Arten zu verstehen. Die Essenz der Recherchen des Autors ist die, dass sich arktische Arten wie der Dorsch nach Norden zurückziehen, während Arten wie die Meerbarben gen Norden ziehen.

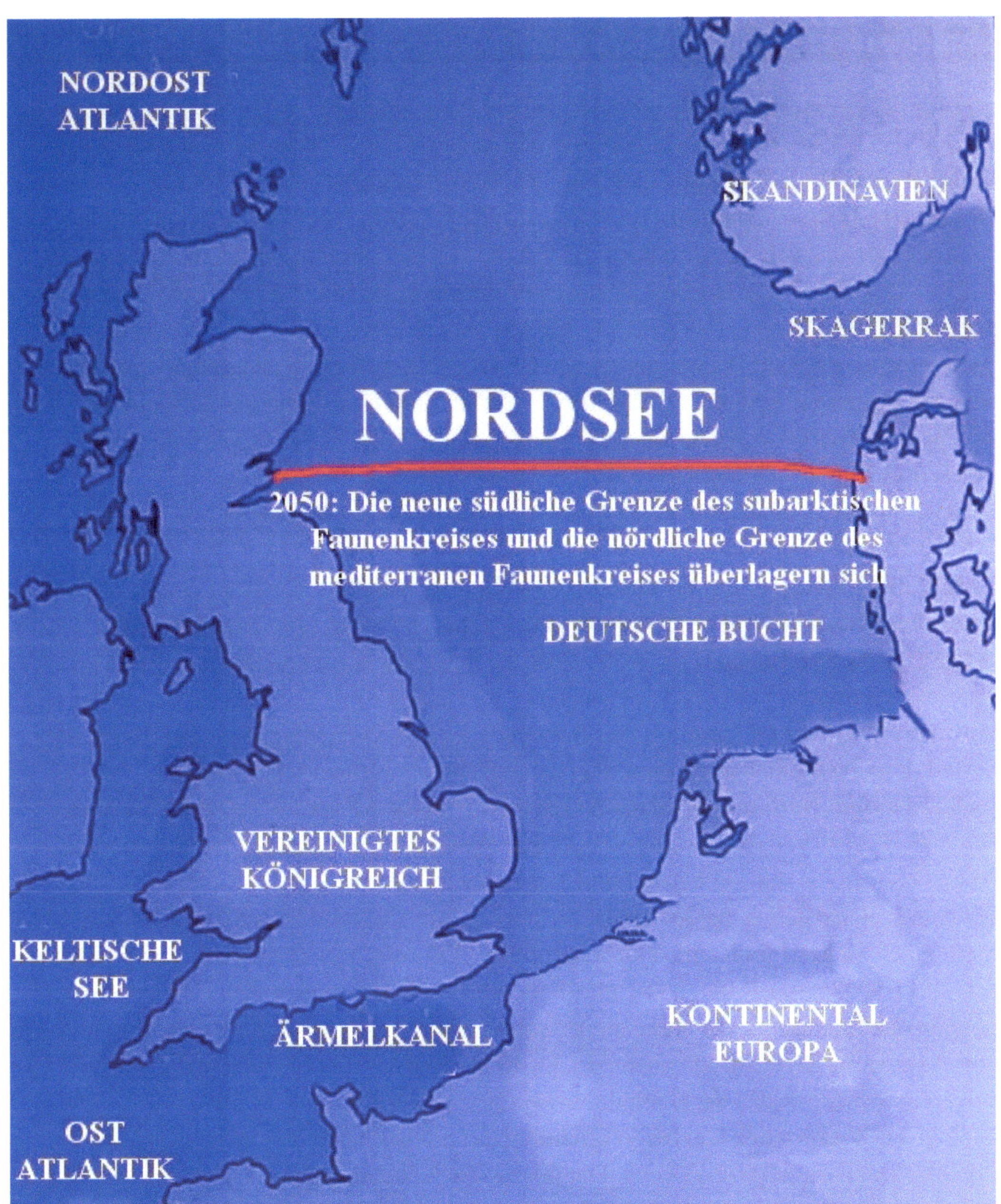

So könnte es in etwa 30 Jahren in der Nordsee aussehen: Die Fauna des Ärmelkanals hat sich dauerhaft in der Deutschen Bucht etabliert, während die subarktischen Arten aus der Deutschen Bucht fast völlig verschwunden sind. Der Klimaschutz muss nun endgültig als gescheitert betrachtet werden…

Atlanticum Bremerhaven, Forum Fischbahnhof, Schaufenster 6, 27572 Bremerhaven. Tel.: 0471-93233-0. E-Mail: Mail@forum-fishbahnhof.de; Domain: www.atlanticum.de.

Nationalpark-Haus Baltrum, Haus Nr. 177, 26579 Baltrum. Tel.: 04939-469. E-Mail: nlpe.baltrum@gmx.de.

Büsumer Meereswelten, Am Südstrand 9 A, 25761 Büsum. Inhaber: Gerhard Gebauer, Tel.: 0173-8625377. E-Mail: info@buesumer-meereswelten.de; Domain: www.buesumer-meereswelten.de.

Ostseestation Priwall, Priwallpromenade 29-31, 23570 Lübeck-Travemünde. Inhaber: Thorsten Walter GBR, Tel.: 04502-308705. E-Mail: info@ostseestation.de; Domain: WWW.Ostseestation-travemuende.de.

Aquarium Kiel, Düsternbrooker Weg 20, 24105 Kiel. Tel.: 0431-6001637. E-Mail: kontakt@aquarium-kiel.de; Domain: www.aquarium-kiel.de.

Sylt Aquarium, Gaadt 33, 25980 Westerland. Tel.: 04651-8362522. E-Mail: info@syltaquarium.de; Domain: www.syltaquarium.de.

Deutsches Museum für Meereskunde und Fischerei, Ozeaneum, Katharinenberg 14-20, 18439 Stralsund. Tel.: 03831-2650601. E-Mail: info@ozeaneum.de; Domain: www.ozeaneum.de

Multimar Wattforum Tönning, Am Robbenberg , 25832 Tönning, Tel.: 04861-9620-0. E-Mail: info@multimar-wattforum.de; Domain: www.multimar-wattforum.de.

Seehundstation Nationalparkhaus Norden-Norddeich, Dörper Weg 24, 26506 Norden. Tel.: 04931 - 89 19; das daran angeschlossene **Waloseum** befindet sich im Osterlooger Weg in Norden. E-Mail: info@seehundstation-norddeich.de; Domain: seehundstation-norddeich.de

Niedersächsisches Landesmuseum Hannover, Willy-Brandt-Allee 5, 30169 Hannover. Tel.: 0511-9807686. E-Mail: info@nlm-h.niedersachsen.de; Domain: landesmuseum-hannover.niedersachsen.de

Zoo-Aquarium Berlin, Budapester Str. 32, 10787 Berlin. Tel.: 030-254010. E-Mail: info@zoo-berlin.de; Domain: www.aquarium-berlin.de

Zoologisch-Botanischer Garten Wilhelma, Neckartalstr. , 70376 Stuttgart. Tel.: 0711-5402-0. E-Mail: info@wilhelma.de; Domain: www.wilhelma.de

Aquarium im Ostsee-Informations-Zentrum, Schiffbrücke 20, 24340 Eckernförde. Tel.: 04351 726266.

Haus der Natur, Museumsplatz 5, A-5020 Salzburg. Domain: www.hausdernatur.at

Haus des Meeres Vivarium, Fritz-Grünbaum-Platz 1, 1060 Wien(Mariahilf). Domain: www.haus-des-meeres.at.

Danksagungen:

Ich bedanke mich herzlich bei allen Freunden und Bekannten, die mir wertvolle Tipps für die Erstellung dieses Werkes geliefert haben. Ein weiteres Dankeschön geht an das Team vom Multimar-Wattforum in Tönning, das mir viele Einblicke in die Unterwasserwelt der nördlichen Nordsee gewährte, an das Team vom Nationalparkhaus Baltrum, und an die vielen Hobbyisten, mit denen ich im Laufe der letzten Jahre Erfahrungen und manchmal auch Tiere ausgetauscht habe. Des Weiteren bedanke ich mich bei dem Meeresbiologen Thorsten Walter von der Ostseestation in Lübeck-Priwall für die Überlassung von diversen Bildern. Auch danke ich Stefanie Hamm für ihre schönen Detailfotos. Auch bin ich diversen Fischern, Nationalparkrangern, Mitarbeitern von Öffentlichen Einrichtungen und Aquarien, die mir immer wieder Einblick in das Handling mit den Tieren gewährten, dankbar. Ohne diesen reichhaltigen Informationsaustausch wäre dieses Buch in dieser Form kaum zustande gekommen.

Sven Gehrmann, im Sommer 2020.

Bildnachweise:

Internet:

http://www.habitas.org.uk/marinelife/index.html

http://www.seawater.no/fauna/index.htm

http://www.fishbase.org/search.php

http://www.marinespecies.org

http://www.multimar-wattforum.de/

http://www.wikipedia.org/

http://www.wwf.de/themen/meere-kuesten/

http://www.glaucus.org.uk/Forum99.htm

http://zipcodezoo.com

http://www.marlin.ac.uk/species

http://www.vliz.be/Vmdcdata/macrobel/index.php

http://www.greenpeace.de

http://umweltanalytik.com

https://taz.de/Rekorde-in-Nord--und-Ostsee/!5023748/

https://www.spektrum.de/magazin/extrem-alte-muscheln/1435413

https://www.bsh.de

https://www.awi.de

https://www.br.de/klimawandel/klimawandel-kabeljau-dorsch-nordsee-sardinen-austern-100.html

http://taxonomicon.taxonomy.nl/

https://www.gmx.net/

Bücher und weiterführende Literatur:

Wilhelm Eigener, Enzyklopädie der Tiere, Georg Westermann Verlag, 1979, ISBN 3-14-508000-8.

Koie, Christiansen, Weitemeyer, Der große Kosmos Strandführer, Franck Kosmos Verlags GmbH, 2001, ISBN 3-440-08576-7.

Andrew C. Campbell, Der Kosmos Strandführer, Franckh`sche Verlagshandlung W. Keller & Co., Stuttgart. ISBN 3-440-04355-X.

Werner de Haas & Fredy Knorr, Was lebt im Meer an Europas Küsten? Stückle Druck & Verlag, 77955 Ettenheim. ISBN: 3-275-01302-5.

Georg Quedens, Strand und Wattenmeer, BLV Verlagsgesellschaft, ISBN 3-405-3805-1.

Klaus Janke & Bruno P. Kremer, Düne, Strand & Wattenmeer, Kosmos Verlags GmbH & Co., Stuttgart. ISBN: 3-440-09576-2.

Muus & Nielsen, Die Meeresfische Europas, Franck Kosmos Verlags GmbH & Co., Stuttgart. ISBN: 3-440-07804-3.

Gerd Pucka, Lehrbuch der Tierpräparation, Venatus Verlags GmbH, ISBN 3-932848-24-1.

Alwyne Wheeler, Das Grosse Buch der Fische, Verlag Eugen Ulmer Stuttgart. ISBN: 3-800170299.

Jörgen Möller Christensen, Die Fische der Nordsee, Franckh`sche Verlagshandlung W. Keller & Co. Stuttgart. ISBN: 3-440-04458-0.

Frank Emil Moen & Erling Svensen, Marine fish & invertebrates of Northern Europe, KOM 2004, ISBN: 0-9544060-2-8.

Paul Naylor, Great British Marine Animals, 2nd Edition, Sound Diving Publications, ISBN: 0952283158.

Alan Weisman, Die Welt ohne uns, Reise über eine unbevölkerte Erde, Piper Verlag, ISBN: 978-3-492-05132-3.

Elizabeth Kolbert, Das 6. Sterben, Wie der Mensch Naturgeschichte schreibt, Suhrkamp Verlag, ISBN: 978-3-518-42481-0.

J.L. Lozan, W. Lenz, E. Rachor, B. Watermann und H. v. Westernhagen, Warnsignale aus der Nordsee, Verlag Paul Parey, ISBN: 3-489-64634-7.

J.L. Lozan, W. Lenz, E. Rachor, K. Reise und H. v. Westernhagen, Warnsignale aus dem Wattenmeer, Blackwell Wissenschafts-Verlag Berlin, ISBN: 3-8263-3025-0.

Paul Sterry and Andrew Cleave, COLLINS COMPLETE GUIDE TO BRITISH COASTAL WILDLIFE, Collins Verlag, ISBN: 978-0-00-741385-0.

Markus Mahl, Meerwasser-Aquarium, Aquarium bauen und pflegen wie die Profis, Aquarium West GmbH, ISBN: 978-3-9819211-0-6.

Julian Cremona, Seashores, An Ecological Guide, Crowood Press, ISBN: 978-1-84797-804-2.

Wattenmeer, diverse Autoren, Wachholtz Verlag, ISBN: 3 529 05304 X (2. Auflage 1977)

Jose Tola, Die faszinierende Welt der Ökologie, Bassermann-Verlag, ISBN: 3-8094-0037-8.

John Pernetta, Großer Atlas der Meere, Naumann & Göbel, ISBN: 3-625-10746-5.

Christian Sardet, Plankton, Wonders Of The Drifting World, The University Of Chicago Press, ISBN-13: 978-0-226-18871-3; ISBN-10: 0-226-18871-X.

Malcolm Mac Garvin, Das Greenpeace-Buch der Nordsee, Franckh-Kosmos GmbH & Co., ISBN: 3-440-06207-4.

Patrick Louisy, Meeresfische Westeuropa Mittelmeer, Ulmer Verlag, ISBN: 3-8001-3844-1.

Armin Maywald, Wattenmeer, Im Wechsel der Gezeiten, Tecklenborg Verlag, ISBN: 3-924044-44-9.

Herbert Frei, Kathrin Herzer und Dr. Dieter Schmidt, Giftige und gefährliche Meerestiere, Müller Rüschlikon, ISBN: 978-3-275-01601-3.

Sven Gehrmann, Jahrgang 1969, gebürtiger Berliner, der zurzeit in Norden bei Norddeich an der niedersächsischen Küste lebt, beschäftigte sich schon als Kind mit allem, was unter Wasser lebt. Dabei haben ihn besonders die Krebstiere und die Fische schon immer sehr interessiert und fasziniert. Seit 1983 ist er begeisterter Hobbyaquarianer und Natur-Fan unserer einheimischen Wassertiere, insbesondere der Nordseetiere. Bisher veröffentlichte er diverse Artikel in aquaristischen Fachzeitschriften, wobei

hier die Bandbreite von Nordseetieren bis hin zu Artikeln über Anemonenfische und diverse Krebstiere reichte. Darüber hinaus folgten Publikationen über die Fauna der Nordsee und des Mittelmeeres, ein Öko-Thriller sowie einige Gedichtbände. Bei seinen Publikationen nimmt er grundsätzlich kein Blatt vor den Mund und nennt die Dinge beim Namen, da es ja offensichtlich sonst keiner tut. Dabei nimmt er keinerlei Rücksichten auf eine falsche Art der „political correctness", die hier überall erfolgreich installiert wurde, um den Schein von Anstand und Meinungsfreiheit zu wahren. Dem gegenüber setzt er jedoch auf echte „ecological correctness", auch wenn diese bisher offenbar immer noch in den Kinderschuhen steckt. Und er sich damit bei der einen oder anderen Institution unbeliebt macht. Sven Gehrmann ist bekennender parteiloser Demokrat und versteht sich selbst als parteineutraler Zeitgenosse. Darüber hinaus versteht er sich selbst als Dichter, Denker, Philosoph, Idealist und als ein erklärter Protestant gegen die heute vorherrschende natur-, menschen- und gottfeindliche Weltordnung. Er distanziert sich jedoch von jeglicher Form des Fanatismus und begreift sich selbst als ein Freund all derer, die einen konstruktiven Beitrag zum Erhalt unserer rezenten Natur leisten möchten. Daher pflegt er auch Kontakte zu alternativen Bürgerbewegungen und befindet sich in stetigem Dialog mit diversen interessanten Menschen aus vielen Spektren unserer Gesellschaft. Sein Motto lautet: „Mach Dir Freunde und dann schau mal was passiert."

Im Internet findet man ihn unter: **WWW.NORDSEEFAUNA.ORG.**

Ciliata mustela	122
Ciona intestinalis	90
Cirripedia	56
Clupea harengus	109
Cnidaria	39
Coelenterata	39
Copepoda	54
Copula	78
Crangon crangon	70
Crepidula excavata	20
Crepidula fornicata	20
Crinoidea	81
Crustacea	52
Ctenolabrus rupestris	148
Ctenophora	39,46
Cumacea	55
Cyanea capillata	42
Cyanea lamarcki	42
Dasyatis pastinaca	95,103
Decapoda	58
Dentex maroccanus	141
Diadumene cincta	44
Diastylis rathkei	55
Dicentrarchus labrax	127
Diogenes pugilator	58,75,162
Echiichthys vipera	144
Echinodermata	81
Echinus esculentus	87
Elasmobranchii	94
Enchelyopus cimbrius	123
Engraulis encrasicola	112
Entelurus aequoreus	133
Errantia	47
Eutrigla gurnardus	138
Gadus morhua	118
Galathea strigosa	74

Galeorhinus galeus	99
Gasterosteus aculeatus	128
Gobius niger	150,151
Hediste diversicolor	48
Helicolenus dactylopterus	135,162
Hemigrapsus penicillatus	77
Hemigrapsus sanguineus	77
Henricia sanguinolenta	83
Hippocampus	130
Hippocampus hippocampus	130
Hippolyte varians	58
Homarus gammarus	79
Hyas araneus	78
Hydra	39
Illex spec.	35
Lamna nasus	95
Lepas anatifera	57
Liocarcinus marmoreus	70
Liocarcinus navigator	71
Loligo forbesii	32
Loligo todarus	35
Lophius piscatorius	159
Lota lota	121
Lutraria lutraria	30,162
Macropodia linaresi	68
Magallana gigas	18,24,44
Maja brachydactyla	69
Maja squinado	69
Marthasterias glacialis	88
Merlangius merlangus	117
Merluccius merluccius	124
Merluccius senegalensis	124
Metridium senile	44
Mimachlamys varia	27,28
Mnemiopsis leydi	154
Mola mola	125

Mollusca	19
Mullus surmuletus	139
Mya arenaria	29,31
Mysis spp.	38
Mytilus	18
Mytilus edulis	24
Mytilus galloprovincialis	28
Necora puber	72
Neogobius melanostomus	151
Nephtys hombergii	49
Nereididae	47
Nereis	47
Ommastrephes sagittatus	35
Ommatostrephes sagittatus	35
Osmerus esperlanus	116
Ostreidae	22
Pagurus bernhardus	76
Palaemon	53,61,62
Palaemon adspersus	61,62
Palaemon elegans	61,63
Palaemon macrodactylus	60,62
Palaemon serratus	61,62
Pandalus montagui	53,64
Parablennius gattorugine	107,162
Pegusa lascaris	156
Perforatus perforatus	57
Pleurobrachia rhodopis	46
Physalia physalis	40
Platichthys flesus	155
Pleuronectes platessa	154
Pododesmus squama	22
Pollachius virens	119
Portumnus latipes	8,73
Processa canaliculata	59
Psammechinus miliaris	83,86
Raja clavata	101,102

Rhizostoma pulmo	43
Salmo salar	115
Salmo trutta trutta	114
Sarda sarda	146
Sardina pilchardus	109,111
Sarpa salpa	142
Scomber scombrus	147
Scorpaena scrofa	134
Scyliorhinus canicula	97
Scyphozoa	41
Sepia officinalis	36
Solea solea	157
Sparus aurata	143
Spinachia spinachia	129
Sprattus sprattus	109,110
Squalus acanthias	96
Styela clava	93
Syngnathus acus	131
Syngnathus rostellatus	132
Todarodes sagittatus	34
Torpedo marmorata	95,100
Trachinidae	145
Trachinus draco	144,145
Trachurus trachurus	140
Trisopterus luscus	120
Tunicata	89
Vibrio cholerae	17
Vibrio vulnificus	17
Xaiva biguttata	67
Xiphias gladius	153
Zeus faber	158

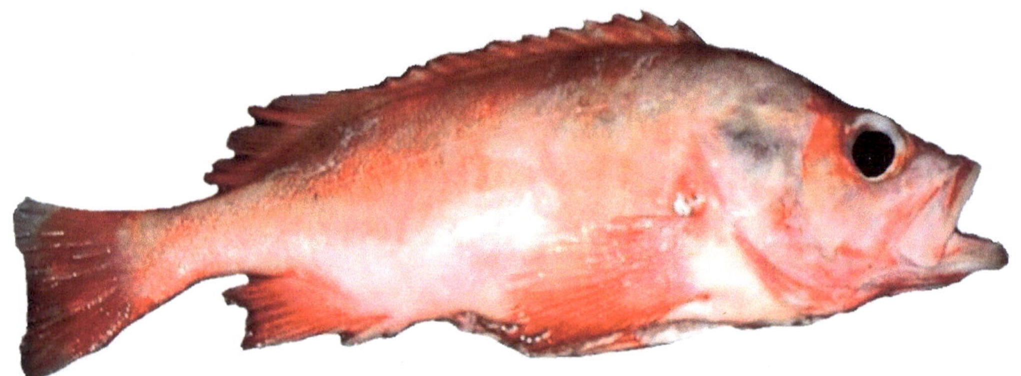

Bibliografische Information der Deutschen Nationalbibliothek:
Die Deutsche Nationalbibliothek verzeichnet diese Publikation in der Deutschen Nationalbibliografie; detaillierte bibliografische Daten sind im Internet über http://dnb.d-nb.de abrufbar.
Impressum: Feuer! In der Nordsee…
Oder was uns die Fauna der Nordsee sehr dringend sagen möchte
Herstellung und Verlag: BoD - Books on Demand, Norderstedt.
ISBN: 9783751977715.